改訂版

物理学実験 —入門編—

東京理科大学理学部第二部物理学教室 編

内田老鶴圃

本書の全部あるいは一部を断わりなく転載または
複写(コピー)することは，著作権および出版権の
侵害となる場合がありますのでご注意下さい．

はしがき

　本書は，大学の理工系学生，特に物理学を基礎から学ぼうとする物理学科1年生およびその他の学科の2年生以上の学生や，中学校・高等学校の教師を目指して理科教職課程を履修する学生のための，基礎および専門の物理学実験テキストとして編集したものである．

　東京理科大学理学部第二部物理学科では，1年生用基礎物理学実験，2年生用物理学実験（1），3年生用物理学実験（2）および他学科のための理科教職用物理学実験が開講されており，それぞれに実験題目が課されている．今回，実際の経験を基に実験内容を再検討し，基礎実験としての重要性の高い題目を精選した．

　物理学実験を初めて学ぶ学生も対象にし，入門編，基礎編，応用編の3編に分け，1年生用，2年生用，3年生用物理学実験のテキストとなるように実験課題を再編成した．その入門編が本書である．基礎編，応用編は順次刊行の予定である．

　入門編では力学と電磁気学の，特に基礎実験としての重要性の高い題目を精選した．本テキストの主眼は，学生に実験を通じて基礎物理学の法則や現象の理解を深めさせ，また実験手法と測定値の基本的な取り扱い方を習得させることであり，その第一歩として測定データのまとめ方，図表示，および図の解析の習熟を目標とした．精密測定のための注意や数値の取り扱い方およびそれに係わる誤差については，学生の数学レベルなどを考慮し，次の基礎編で扱うことにした．

　執筆編集に際しては，これまで永年にわたって本学科で物理学実験を担当し，学生を直接指導してきた教員が分担し，できあがった草稿を互いに繰り返し精読修正した．まだまだ不備な点や誤りも少なくないことと思う．大方のご指導ご叱正をお願いするしだいである．

なお，本書を上梓するにあたって，助力を惜しまれなかった株式会社内田老鶴圃の内田学社長に執筆者一同感謝申し上げる．

　　2008 年 3 月

　　　　　　　　　　　　　　　　　　　　東京理科大学理学部第二部物理学教室
　　　　　　　　　　　　　　　　　　　　　　　　　　物理学実験担当者一同

改訂版はしがき

　本書は東京理科大学理学部第二部物理学科において 1 学年から 3 学年までに修得すべき物理学実験を，入門編，基礎編，応用編に三分割し，それぞれの学年で履修する実験課題のテキストとして編集した内の入門編である．

　入門編の初版が出てから 8 年になる．その間の学生の実験技術の習熟度の変化を考慮し，分かりやすく，読みやすいテキストになるように加筆し，図を改めたり，表現の一部に変更を加えた．

　なお，改訂版を上梓するにあたって，細かな変更にも助力を惜しまれなかった株式会社内田老鶴圃の内田学社長に執筆者一同感謝申し上げる．

　　2016 年 3 月

　　　　　　　　　　　　　　　　　　　　東京理科大学理学部第二部物理学教室
　　　　　　　　　　　　　　　　　　　　　　　　　　物理学実験担当者一同

目　　次

はしがき……………………………………………………………………………ⅰ

実験に必要な基礎的事項

Ⅰ　実験，測定の心得
　　1　物理学と実験…………………………………………………………… 3
　　2　測定の心がまえ………………………………………………………… 3
　　3　測定装置の点検………………………………………………………… 4
　　4　器差と視差……………………………………………………………… 5
　　5　誤差と精度……………………………………………………………… 5
　　6　有効数字………………………………………………………………… 7
　　7　実験ノートの書き方……………………………………………………10
　　8　報告書の書き方…………………………………………………………11

Ⅱ　測定結果のまとめ方
　　1　一般的注意………………………………………………………………12
　　2　データの処理と図表……………………………………………………13
　　3　図の描き方………………………………………………………………14
　　4　測定器具の使い方………………………………………………………21
　　　（1）　ノギス，マイクロメーター………………………………………21
　　　（2）　デジタルマルチメーター（テスター）…………………………25
　　　（3）　ストップウォッチ…………………………………………………30

物理学実験—入門編—

1 慣性の法則……………………………………………………35
2 作用反作用の法則……………………………………………39
3 斜面降下運動の動的解析……………………………………43
4 静止摩擦と動摩擦……………………………………………49
5 落下運動と空気抵抗…………………………………………55
6 ばねの単振動と減衰振動……………………………………59
7 振り子の等時性………………………………………………65
8 円運動と向心力………………………………………………69
9 運動量保存の法則……………………………………………73
10 質点系の重心…………………………………………………81
11 実体振り子の振動……………………………………………87
12 角運動量保存の法則…………………………………………93
13 クーロンの法則………………………………………………99
14 コンデンサーの放電…………………………………………103
15 オームの法則…………………………………………………109
16 キルヒホッフの法則…………………………………………113
17 電気抵抗の温度変化…………………………………………119
18 ビオ・サバールの法則………………………………………125

索 引……………………………………………………………131

実験に必要な基礎的事項

I 実験，測定の心得

1. 物理学と実験

　物理学はあらゆる自然科学の基礎であると考えられている．さらにこの物理学の基礎は，自然の観察，実験，および測定である．特に測定によって，自然現象や実験の中から量的性質を抜き出し，その量的性質それ自体，または，これと他のいろいろな量との間にある関数関係を求めることが物理学の最も基本的な立場とするところである．このように，物理学では実験および測定は欠くことのできないものである．

　本教科書で取り扱う実験は，研究を目的とする実験ではなく，いわゆる学習のための学習実験である．すなわち，前者は新事実の発見，その予見あるいは予想，物理定数のより精密な値を得るための研究実験などであり，後者は器械器具の取り扱い方，測定の要領，得られた測定値の計算処理法などに習熟し，現象の物理的意味の掌握，さらに科学的精神の育成をはかることを目的とする．また，入門力学，入門電磁気学などの講義および基礎物理学演習で扱う演習問題と関連させ，広い視野に立って物理現象を理解できるようにするためのものである．

2. 測定の心がまえ

　数量的測定をするのに，我々の五感の力だけでは不足であるので，器械の助けを借り，我々の力を補う．しかし，器械はもともと魂のないものであるから，これを使うには十分な心得がないと正しく使いこなすことができないばか

りでなく，器械にだまされ，器械を使わないときより悪い結果を得たりする．また，器械は精密になればなるほど，その使い方もむずかしくなる．複雑な器械を下手に使うよりは，簡単な器械を上手に使う方が信頼できる結果が得られる場合も多い．まず重要なことは，自分がこれから何を測るのか，いま何を測っているのかを常に明らかにしておくことである．

たとえば，測定器具の項で説明している道具のいくつかは操作が比較的簡単な機器だが，思わぬ読み違いや記録ミスを生じると，測定自体がやり直しとなる場合がある．測定値を見てあまりにも不自然な値は，測定のやり直しをするか，次の測定値との流れがどうかなど測定中に気を配り，測定全体を常に把握するように心がけなければならない．

測定は，漫然と指導書どおり機械的に行うのでなく，あらかじめ，使う器械の各部の働き方を十分理解し，より信頼の得られる結果を目指さなければならない．こうすれば万一故障が起こったときでも，直ちにどこが悪いか見当がつき，応急の処置もとれる．わけがわからず使っていると，大きな失敗をするばかりでなく，たいした故障でもないのに測定を中止しなければならないようなことも起こる．

測定中は，心の落ち着きはもちろんのこと，身体の落ち着きも必要である．身体を窮屈にしていては，知らぬうちにそのほうに心をとられ，十分な測定ができない．また，測定機器に着衣を引っ掛けて落下させてしまうことのないように，機器の配置や服装にも気を配り，実験に障害が起こらないように配慮する．

3. 測定装置の点検

あらかじめ測定に用いる実験装置について，すべての部分を点検し，故障のあるなしを確かめておくことが必要である．たとえ，使い慣れている簡単な器械，たとえば，台秤のようなものでも，前もって測定範囲で指針が滑らかに動くことやゼロ位置が正しく示されているかなど，ひととおり調べておく．複雑な器械ではなおさら細かい注意が必要である．動く部分は動かしてみて，具合

が悪ければ適当に加減して，スムースに動くことを確認する．特に力のかかる部分は折れたり，切れたり，歪んだりしていないかを調べ，場合によっては測定が終わった後で再び同様な操作をしてみる．電池を使用する簡易型のデジタルメーターなどは，一定の期間ごとに電池の消耗を調べておくことも必要である．何の異常もなければ，まず測定中も満足に働いたと考えられ，安心できる．

4. 器差と視差

　実験では，器械で直接読み取った値に，補正値を加えることにより，正しい測定値が求まる．この補正値が器差である．定規，天秤の分銅，温度計でも，すべて精密な測定をする用具には，あらかじめ信用のできる検定場所で十分調べられて器差表がつくられ，用具に添付してある．器差は一度定めてあっても，年月がたつと次第に変化するものであるから，時々検定しておかなければならない．また，視差にも注意する必要がある．たとえば，温度計の糸の高さを読むとき，目と糸頭を結ぶ直線が，糸柱に直角でないと，読み取りが大きすぎたり小さすぎたりする．同様な誤りはその他の場合でも起こるから，十分注意しなくてはならない．特別な工夫を施して，これを防ぐようにしたものもあるが，普通少し気をつけて読み取りを練習すれば，誤りを最小にできる．

　副尺を使って精密な目盛を読み取るときも，光のあて具合で違った読み取りをするから，十分注意しなければならない．目盛が読みにくいときには，できるだけ読みやすくなるように光の差し込む向きを加減する．あまり明るすぎたり暗すぎたりするときは，白紙でも使って調節するとよい．また，器械に直接日光があたるのはよくない．温度計はもちろんのこと，天秤などもいろいろの障害が起こるから注意しなくてはならない．

5. 誤差と精度

　自然界の量について，真の値を知ることはできない．真の値と，それを測定

により求めた値とには必ず差があって，それを誤差という．測定値は常に不確かさを含む近似値である．これは本質的な問題であり，測定の上手，下手とか，使う器械の正確，不正確とかの問題ではない．長さの測定を例にあげれば，1 cm 目盛の定規では 1 cm 以下は正確には分からない．また，1 mm 目盛の定規では 1 mm 以下は正確には分からないというわけで，どんなに測定器が発達しても，測定の精度は上がるが，真の値は分からない．物理学では誤差の絶対値（絶対誤差）ではなく，測定量と誤差（正確には測定値の平均値と測定量の差を誤差に変わりうる量と解釈し，誤差と定義し直す）との比率（相対誤差；百分率でも表す）の大小を問題にし，これを測定の精度といっている．もちろん，この比率が小さいほど精密な測定である．たとえば，大きさ 0.01 mm のものを測定して 0.001 mm の誤差があれば，その精度は 1/10（10%）である．また，1 km の距離を 1 m の誤差で測定すれば，その精度は 1/1000（0.1%）である．むしろ，後者の場合の方が前者の場合より精密な測定であるわけである．ある自然法則が真であるかどうかを実験的に確かめる場合，誤差の範囲内で法則に合っていれば，その意味で真であるという．

　この誤差を，地球の形を例にとって考えてみよう．地球は周知の通り完全な球形ではない．表面にはヒマラヤ山脈あり，マリアナ海溝ありで，著しくでこぼこがある．また地球は南北方向に縮んだ，いわゆる擬似楕円体である．これらを考えに入れて，地球の最も真に近い断面縮図を鉛筆で書けば直径 6 cm の円になる．なぜなら普通書く鉛筆の線は，0.5 mm 程度の幅だからである．すなわち地球の直径約 13000 km を 6 cm に縮小したのだから，線の幅 0.5 mm は 110 km に相当する．一方，エベレスト山の高さは海抜 8.9 km，海の最深部マリアナ海溝の深さは約 11.0 km であるから地球のでこぼこは最大で $8.9+11.0 ≒ 20$ km である．これは線幅の 1/5 以下である．地表上の海や山のでこぼこを忠実に描いても，だいたい線幅の 1/30 以下になり，描きようがない．また，地球は赤道あたりで直径が 22 km 長いといっても，やはり線幅の 1/5 程度であるにすぎない．結局，6 cm の円は忠実に描いた地球の断面になってしまう．これは決してごまかしではない．要するに描いた線に幅があるからである．この線の幅が測定の誤差に相当するのである．

6. 有効数字

　有効数字とは観測値（測定値）として信頼できる数字，あるいは多少不確かであっても意味のある数値をいい，数値の最後の桁に不確かさあるいは誤差を含む．一般にどのような測定手段を用いても観測値に不確かさを残す．誤差も不確かさを表現する手段のひとつである．実験において，観測値の確からしさは必須の条件であり，同じ条件下で多数回（n 回）測定を続け，その状態での最も確からしい値として n 個の値の算術平均を用いる．そのとき得られた n 個の値のばらつきの具合を表現するのが誤差である．このようにすれば，1 回の測定で得られた値の信頼度より平均値の信頼度が高くなることは当然である．しかし，それでも信頼には限界があり，ある桁以下では不確かな数値になる．本入門書では観測値あるいは算術平均値を数値の最後の桁に不確かさを持つ数字として扱うことにする．たとえば，目盛刻みの最小が 1 mm の定規で長さを測定すると，1 mm 以下の部分は刻み線の間を目分量で分割し数値を読み取るため，目分量で得た桁の数値に不確かさが生じる．さらに，それらの観測値の算術平均であっても，平均の最後の桁を四捨五入することによって不確かさを生じる．

　例として，長方形の面積を求めるために，2 辺をそれぞれ定規（最小刻み 1 mm）で測定し 12.3 mm, 3.4 mm の値を得たとし，面積の確からしい値は数値として何桁の数値になるかを考えよう．得られた値は

$$12.25 < 12.3 < 12.34 \qquad 3.35 < 3.4 < 3.44$$

の範囲にある．面積はこれらの数値の積となるから，面積の最大限界値は

$$12.34 \times 3.44 = 42.4496$$

であり，最小限界値は

$$12.25 \times 3.35 = 41.0375$$

と与えられ，観測値から求められる値はこの間にある．最大限界値と最小限界値を比較すると，数値はともに 6 桁であるが，1 位の桁に数値の差が現れている．したがって面積は

8　実験に必要な基礎的事項

$$12.3 \times 3.4 = 41.82$$

の小数以下第1位を四捨五入して

$$42 \text{ mm}^2$$

と表現し，1位の桁に不確かさを含んでいると表現する．

　以下に加減・乗除のそれぞれの場合について有効数字の見積もり方をまとめる．網掛けの付いた数字は「不確かさ」を含む数値を示す．

(1)　加・減算の場合

```
      8.41̲3̲
  ＋   5.3̲3̲9̲
     13.7̲5̲2̲
有効数字 13.7̲5̲2̲
```
3および9は観測値として不確かさを含んだ数値である．2は不確かな数値 3＋9＝12 の結果であり，不確かさを含んでいる．上位の5には位上がりの1が加わっているが，5全体が「不確かである」とするほどの影響力はないとする．

```
     12.48̲7̲
  ＋   3.5̲
     15.9̲8̲7̲
有効数字 16.0̲
```
7および5は観測値として不確かさを含んだ数値である．小数以下第1位の9は5の不確かさの影響を受けて不確かである．小数第2位以下は，第1位で不確かであるから，それ以降は意味を持たないので，小数以下第2位を四捨五入してまとめる．**このときの0は不確かさを含んでいるが意味のある数値で，省略してはならない．**

```
     45.3̲
  －   2.2̲4̲
     43.0̲6̲
有効数字 43.1̲
```
3および4は観測値として不確かさを含んでいる．0は不確かな3から引き算された結果であるから不確かさを含んでおり，6はそれ以下の数値だから意味を持たなくなる．小数第2位を四捨五入して小数第1位までとする．

```
     33.14̲5̲
  －  33.08̲9̲
      0.05̲6̲
有効数字 0.05̲6̲*
```
5および9は観測値として不確かさを含んでおり，6は不確かさを含んだ数値同士の差であるから不確かさを含む．数値の近い値同士の減算は，このように有効数字の桁が極端に減少する場合がある．観測値を得る際に，できる限り有効数字の桁数を上げる工夫が必要となる．（＊表記法は次頁の(4)有効数字の記述を参照）

(2) 乗・除算の場合

```
      7.1 1
   ×   2.6
   ─────────
     4.2 6 6
    14.2 2
   ─────────
    18.4 8 6
有効数字 18
```

1および6は観測値として不確かさを含んでいる．4.266は不確かな6との積であるため，全体が不確かとなる．2は不確かな1との積で与えられた数値である．全体の和としてみると，4.266のはじめの4が和の8に不確かさを与えているため，最下段の1の位の8以降の数字は意味を持たなくなる．小数第1位を四捨五入してまとめる．

```
         30.4
     ┌────────
  12 ) 365
       36
      ────
        5.0
        4.8
       ────
        0.2
有効数字 30
```

3との積である36は6に不確かさを含む．また余りの5は365の最後の桁5に不確かさを含み，4.8の4は全体が不確かさを持つ．したがって，小数第1位の4を四捨五入してまとめる．

(3) 定数の扱い方

一連の計算の中に現れる定数は，複数の観測値あるいは算術平均値のうち，最も有効数字の桁数の小さい数値より1桁大きくとる．たとえば半径 8.34 mm，長さ 12.45 mm の円柱の体積を計算するときは，計算に関係する観測値のうち，有効数字の桁数の小さい方を対象にし，円周率 π の値を，その桁数より1桁だけ多く設定する．この場合，半径を示す数値の有効数字が3桁であるから，体積計算は

$$V = \pi r^2 h = 3.142 \times (8.34)^2 \times 12.45 \risingdotseq 2721 \ [\text{mm}^3]$$

となり，3桁目の2に不確かさを含み，表記は 2.72×10^3 [mm^3] となる．

(4) 有効数字の記述

測定あるいは計算処理によって得られた数値を，有効数字を考えて記述するときに直面する注意点をあげる．たとえば，得られた数値が 3387.5 mm であるが，数値の8に不確かさを持つときは7を四捨五入して，有効数字は339で

ある．これを 3.39 m と書くが，時によって mm 単位にして表現したい場合がある．そのときは 3.39×10^3 mm とすればよい．10^3 は小数点の移動と同じで有効数字にはならないからである．また，数値が 25.0 となり，不確かさが小数第 1 位の 0 の位であるときは，25 と記述してはならない．最後の 0 は意味のない数値ではなく，その位まで測定した結果，得られた数値が，たまたま 0 だったことを意味している．したがって 25.0 が正しい記述となる．

7. 実験ノートの書き方

　実験ノートはルーズリーフなどのメモ書きではなく，たとえばうすく方眼目盛の付いた A4 判の専用のものを必ず使用する．実験ノートは大切な記録であるから，必ず名前を記入すること．ボールペンや水性インクペン書きは，書き直しの処理がむずかしくノートが汚れることが多いので，基本は鉛筆書きにする．記入した数値に誤りがあっても消しゴムは使わず，2 本線を引いて消しておき，そのわきに正しい値を書き入れる．使用器械番号も忘れずに書くと再実験のとき同じ器械条件で実験を行うことができる．実験中，データ間にあらかじめ予想される関係がある場合は，測定を進行させながら数値の書き取りと平行して簡単な図表示をすると，実験の進行状況や読み取りの誤りに気がつくことがあり効果的である．その際は実験ノートの方眼目盛を利用すればよい．その他，実験中に思いついたこと，気づいたことは細大もらさず記入する習慣を身につけるとよい．後で予期せずして役立つことがある．実験ノートは日誌であって，作業の流れが逐一記入されていることが望ましい．実験題目ごとに，次の要領で記入する．

　　　　題目名
　　　　実験実施年月日，時刻
　　　　実験場所
　　　　実験者および共同実験者（観測者，記入者を明記し，分担責任を明らかにしておく）

気象条件：天候，気温（室温），湿度，気圧
実験の原理
測定方法，装置の見取り図
実験の経過（測定数値の記入）
結　　果（測定値の整理および図の表示など）
結果の吟味および数値評価など（誤差の計算も含む）

8. 報告書の書き方

　報告書は，実験とその考察を通じて，自分が理解し得たことを他人に伝えようとする伝達媒体である．したがって，分かりやすく，共通の言葉で，正確に書かれなければならない．その要求を満たす実験報告書の書き方は，ほぼ形式が定まっている．実験の内容によって多少の違いはあるが，次の順序で書かれる．

　（1）実験題目　（2）実験目的　　（3）実験原理　（4）測定方法
　（5）結果と解析　（6）考察　（7）参考文献

いずれにしても報告書は，第三者が見るものであるから，実験ノートとは違って，きれいに，丁寧に，そして，順序正しく書くことが必須条件である．筆記は鉛筆書きを主とし，図，表などにおける直線は定規を使用すること．具体的なまとめ方，図，表などについては，次節で述べる．本コースにおける報告書では，特に表のまとめ方と作図に重点を置き，作図から測定値の解析を行い，常に実験の全体を把握できる力を養うことに心がける．

II 測定結果のまとめ方

1. 一般的注意

(1) 実験結果の整理

実験結果を整理してまとめる最初の段階は，データを表や図に表すことである．そうすることは，データ間の関係を明らかにし，結果の解釈や説明をする際の最もよい手段となる．表や図に表す方法には幾通りかあるが，データ間に何らかの関数関係が予想されている場合は，そのことが的確に表現される図を選択するのがよい．最も適当な表し方を，いろいろと工夫して探してみることが必要である．具体的には「図の描き方」で述べる．

(2) 結果の解釈，説明

表，図，さらに整理したノートをよく調べ，データの奥に潜む関係を見いだし，結果の解釈や説明を進めながら，結論を引き出すことを試みる．これを行うには，実験を始める前に考えたこと，実験中に気づいたことなどを，実験ノートに詳細に記録しておくことが必要である．

(3) 正確度の考慮

実験結果に対する結論を下すときには，常にデータの正確さや信頼度を考えに入れ，有効数字をよく考慮して記述する．

(4) 追加実験

もし時間に余裕があれば，上記のようにして引き出された結論をさらに確か

めるために追加実験を行う．このためには，ある程度の結論を引き出すまで，実験装置はそのままにしておき，その場で検討できるように検討項目を選出しておくとよい．また，もしできれば違った方向からの実験的検証も行うとよい．実験ノートに使用した機器番号などを記録しておくと後日の追加実験などに役立つ．

2. データの処理と図表

(1) データの数学的処理
（a） 計算の記録
（b） 有効数値の決定
（c） 検算

卓上計算機にある ln キーは $\log_e$ の意味であり，log キーは $\log_{10}$ を意味する．電卓は機種によってキー操作が異なる．自分専用のものを準備し，あらかじめ習熟しておく必要がある．

知っていると役立つ省略算の一覧表を示す．

・a, b, c, d …が，1に対して十分小さいときは

$(1+a)(1+b)(1+c)\cdots \approx 1+a+b+c+\cdots$

$(1+a)^2 \fallingdotseq 1+2a$

$(1+a)^n \fallingdotseq 1+na$

$\dfrac{1}{(1+a)} \fallingdotseq 1-a$

$\sqrt{1+a} \fallingdotseq 1+\dfrac{1}{2}a$

$e^a \fallingdotseq 1+a$

$x^a \fallingdotseq 1+a\log_e x = 1+a\ln x$

$\log_e(1+a) = \ln(1+a) \fallingdotseq a - \dfrac{1}{2}a^2$

$$\log_{10} x = \log_e x \cdot \log_{10} e$$

・$a \approx b$ のとき

$$\sqrt{ab} \fallingdotseq \frac{1}{2}(a+b)$$

・$\alpha \approx 0$ のとき

$$\sin \alpha \fallingdotseq \alpha, \quad \cos \alpha \fallingdotseq 1$$

$$\sin(\theta \pm \alpha) \fallingdotseq \sin \theta \pm \alpha \cos \theta$$

$$\cos(\theta \pm \alpha) \fallingdotseq \cos \theta \mp \alpha \sin \theta$$

(2) データを表にすること

データ解析の第1段階として，データを表にまとめることが大切である．ただし，数値解析に効果的な表をつくるためには，十分な練習と工夫とが必要である．

(3) 図を描いてみること

図にはいろいろな表し方があるが，まずは縦横の両軸とも線形（等目盛）のものを選ぶのがよい．目盛の細かさが適当でないと図に描いても関係がはっきりしないことがある．その場合にはいろいろと目盛の細かさを変えてみる．次に，データ間で一定の関係が予測されている場合には，記入されたデータが直線関係を示すような座標軸を使って描くとよい．なぜならデータ間の関係が最も分かりやすく表現されるからである．たとえば，片方の軸，または両方の軸を対数目盛の図にすると直線関係となり，これによってデータのもつ物理的意味がはっきりすることがある．

3. 図の描き方

(1) 座標軸の選択

2つの物理量 A，B があって，A の値によって B の値が決まるとき，物理量

A（独立変数という）を座標の x 軸に，物理量 B（従属変数という）を y 軸にとるのが慣例である．たとえば，時々刻々の温度を求めた場合，時間を x 軸に，温度を y 軸にとる．

(2) 方眼紙の選択

図を描くには一般に方眼紙を用いる．最も普通に用いられる方眼用紙は 1 mm 目盛のものである．また必要に応じて片対数方眼紙（片方の軸が対数目盛になっている用紙）や，両対数方眼紙（両方の軸が対数目盛になっている用紙）なども使われる．

(3) 図の大きさと目盛

図の大きさは，市販の A4 判のグラフ用紙に 1 つ，または 2 つ程度にする．目盛は得られた曲線（直線）の任意の位置の値を簡単に読み取れるように選ぶ．3 目盛（3 mm あるいは 30 mm）または 4 目盛（4 mm あるいは 40 mm）を 10 あるいは 5 などととる刻みは，値が読み取りにくいので極力使わないようにする．また，読み取りの精度以上に拡大した図は判断を誤ることもあるので注意する．不確かさが生じている桁は図表時においても目分量となる程度の目盛刻みがよい．作図の際の参考のために基本的な図の作成法を以下に示し説明を加える．

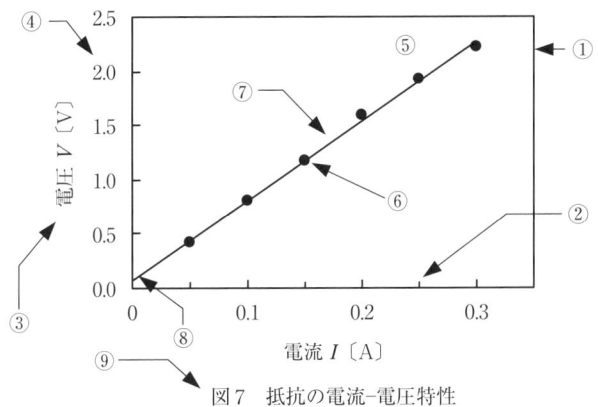

図 7 抵抗の電流-電圧特性

作図における注意事項

① 図は四角の枠で囲む．
② 目盛線は縦軸・横軸ともに図の内側に延びるように入れる．目盛線の間隔は図からデータを読み取りやすいように，目分量で分割のしやすい数値になるように工夫する．
③ 軸の説明は，軸に平行に向けて書き，物理量には単位をつける．
④ 2と書かずに，2.0のように表示を統一し，小数点の位置が前後しないようにまとめる（この例の場合は小数点以下1桁にそろえる）．
⑤ 測定データが図の2/3程度に広がるように図全体の構成を選ぶ．
⑥ 測定点の記号の大きさは，A4判の用紙の場合直径2から3mm程度の円を基準とする（記号の例，○●◎□■，不適当な記号△×）．
⑦ 直線関係が予測されるときは，測定点が直線を境に上下に均等に分散するように線を引き，直線の傾きを評価する（最小2乗法という）．
⑧ 原点を通ると予測した直線が原点を通らない場合は，測定データの分散も考慮してその理由を考える．
⑨ 図題は図の下側に図番号をつけて書き，その下に記号などの説明を最小限に入れる．

(4) 最適な図の選択

　図の目的は一見して測定範囲でのデータ間の関係が分かるように記述することである．方眼紙に図を書く場合でも座標軸の選び方で応用範囲が広がる．データ間で比例関係が予測される場合は前述の図の形式で理解できる．しかし，以下に示すように累乗（x^n）や指数関数などの場合は，等分割した目盛を縦・横軸にしてデータを示すと，形は類似し，一見したところでは区別をするのがむずかしく，正しい判断ができない．このような場合でも，座標軸の工夫で明確に整理できる．たとえば図②は，図①と同じデータを，横軸をx^2に取り，図を描き直したものである．図②ではyがx^2に比例していることを明確に表現し，図の違いは明らかである．

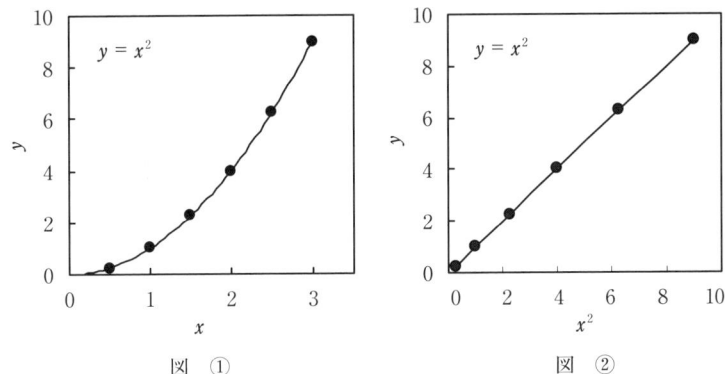

図 ①　　　　　　　　　図 ②

対数の活用

　物理実験の数値解析などで最もよく出合う曲線に指数関数があり，その1つの形に

$$y = ab^x \tag{A}$$

がある．(A)式の両辺の対数を求めると

$$\log y = \log a + x \log b \tag{B}$$

となり，x と $\log y$ は直線の関係となる（一般に，物理実験では $\log y$ は $\log_{10} y$ の意味で用い，電卓における log キーがこれに対応する）．したがって，もしあらかじめ2つの変数の間に，(A)式で表される関係が分かっているか，あるいは予想できるときには，(A)式を(B)式の形に対数変換して図示する方が，両変数の関係を明確に説明ができる．

対数紙の利用

　対数に関しては，上述のように，対数値に変換した値を使って図を描くやり方の他に，市販の対数目盛の付いた「対数紙」を利用することも可能である．用紙には，一方の軸のみが対数目盛となっている片対数紙（semi-log）と両軸が対数目盛になっている両対数紙（log-log）がある．この対数目盛は底を10にしたときの対数目盛である．この用紙の特長は，底に対し値が10だけ変化

すると1桁位が上がるという10進法の桁に相当する間隔が刻まれていることである（この間隔を1サイクルという）．

対数紙の軸は対数目盛になっており，各測定値を対数値に変換する作業が省略できる．対数紙の特徴は，軸の1から10の間の距離を1とすると，軸の目盛 2，3，4 の位置は，それぞれの値の対数値，$\log 2 \to 0.3010$，$\log 3 \to 0.4771$，$\log 4 \to 0.6021$ に相当する．同様に 20，30 の位置は，縦軸の「1」の目盛位置から 0.3010，0.4771 だけ離れている．それゆえ，対数紙を使うときはすでに刻まれている対数目盛線を使って，単に測定値そのものを記入することが，対数変換したことと同じである．ただし，対数軸の上に記入した値は対数値に変換していない数値であるから，表示の上では軸の説明はあくまで x または y と書くべきで，決して $\log x$ または $\log y$ と書いてはならない．

対数紙上の直線の傾きの求め方1（片対数紙の場合）

（A）式のような指数関数で表されるデータは，片対数グラフで直線上に測定点がならぶ．たとえば図③に示された直線よりその傾きを求めるときは，縦軸から読み取った数値を実際の対数値に変換することを忘れてはならない．すな

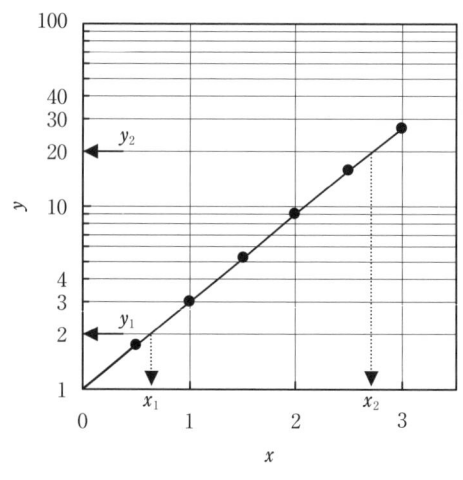

図 ③

わち，図③の傾き α は直線上の任意の位置 (x_1, y_1) と (x_2, y_2) より

$$\alpha = \frac{\log y_2 - \log y_1}{x_2 - x_1} = \frac{\log 20 - \log 2}{x_2 - x_1} \qquad (C)$$

で求める．得られた傾き α は前出の(A)式を(B)式に従って対数値に変換した値 $\log b$ であることはいうまでもない．

対数紙上の直線の傾きの求め方2（両対数紙の場合）

両対数紙は，先に述べた累乗の関数

$$y = ax^n \qquad (D)$$

の解析に同様の方法で使うことができる．ただし，両辺の対数を求めると，

$$\log y = \log a + n \log x$$

となり，$\log y$ と $\log x$ が直線の関係となるから，(D)式を表現するには両対数紙が適当である．この場合，2点 (x_1, y_1) と (x_2, y_2) の傾き n は

$$n = \frac{\log y_2 - \log y_1}{\log x_2 - \log x_1}$$

で求めなければならない．

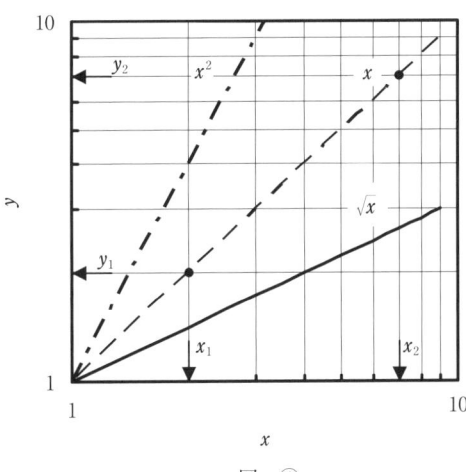

図 ④

図④に $y=\sqrt{x}$, x, x^2, すなわち(D)式において $a=1$ で $n=1/2$, 1, 2 の例を両対数紙に示す．パソコンなどで対数紙をダウンロードしたり，Excel 上で処理したりすると，縦軸，横軸の 1 サイクルの幅が等しくないことが起こるが，これは避けねばならない．一般に両対数紙を扱うときは，直線の傾きが 45°のとき $y=x$ を示すとみなすからである．

物理実験や電気工学などでよく使われる指数関数には，(A)式の b が自然対数の底 e に等しい

$$y=Ae^{ax} \qquad (E)$$

がある．(E)式を対数変換するときは，両辺を自然対数にする．

$$\log_e y = \log_e A + ax \quad (\because \log_e e = 1) \qquad (E')$$

実験では $\log_e$ を，自然対数であることを明確にするため，特に ln 記号 (natural logarithm：底を e とする自然対数で，電卓の ln キーはこれに対応する) を使って

$$\ln y = \ln A + ax \qquad (F)$$

と表現する．数値の扱いは(B)式の場合と同様で，測定値を自然対数に変換し，その値を図に記入する．このとき得られる直線の傾きの求め方は(B)式の場合と同じである．

(E)式は自然対数関数で表現されているが，(E')式を底が 10 の対数で書き直すと

$$\log y = \log A + (a \log e) \cdot x \qquad (G)$$

となり，片対数紙を使って(B)式と同様の解析ができることが分かる．例として

$$y = 10e^{-0.8x}$$

を，図 5a に (x-y) 関係で，図 5b に (x-$\ln y$) 関係で，図 5c に (x-$\log y$) 関係で表した．

図 5b, 5c における直線の傾きを β_b, β_c とすると，

$$\beta_b = \frac{\ln y_2 - \ln y_1}{x_2 - x_1} = -0.8 \rightarrow a$$

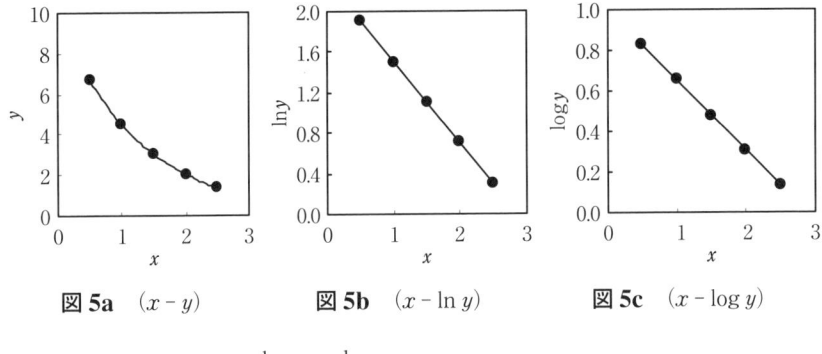

図5a　$(x\text{-}y)$　　　図5b　$(x\text{-}\ln y)$　　　図5c　$(x\text{-}\log y)$

$$\beta_c = \frac{\log y_2 - \log y_1}{x_2 - x_1} = -0.347 \rightarrow a\log e$$

と表される．β_c に現れる $\log e$ は式(G)右辺の比例定数が $a\log e$ になっているためである．したがって図5cでは，a の値は

$$a = \frac{\beta_c}{\log e} = -\frac{0.347}{\log e} = -\frac{0.347}{0.434} = -0.800 \quad (\log e = 0.434294\cdots)$$

として求めなければならない．

4. 測定器具の使い方

(1) ノギス，マイクロメーター

　物体の長さを測るとき，1 mm 目盛のついた普通の物差を使えば十分な場合が多い．しかし，球形とか円柱状の物体直径や周囲の長さを測るときには，物差を密着させて測ることはできないので，精度のよい測定はむずかしい．また，小さな物体や細い針金などの長さを精度よく測るためには，もっと細かい目盛のついた物差が必要である．このような不便さや欠点をある程度補った測定器として，ノギスとマイクロメーターがある．

ノギス（nonius または vernier calipers）

　図 1-1 に示すようなもので，物体の長さを測定する．たとえば図中，右上の円筒容器の各寸法を測るとき，外径 D と長さ L は（A）の外側測定面を使い，

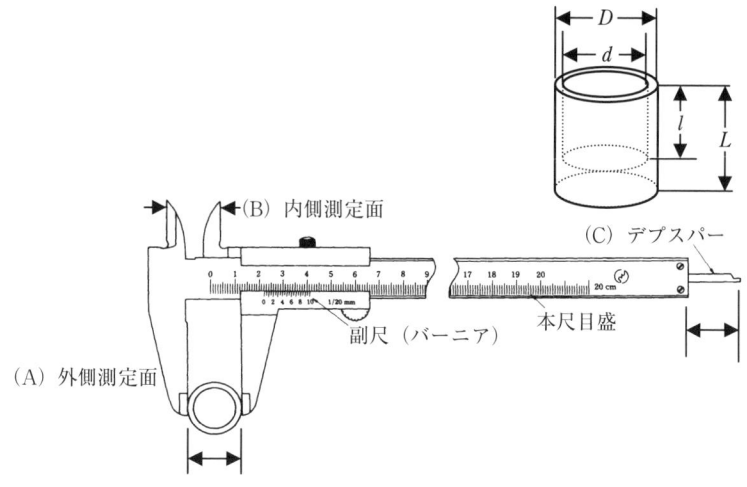

図 1-1 ノギスの構造

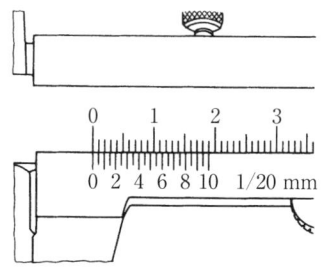

図 1-2 副尺目盛りの刻み

内径 d は（B）の内側測定面を，深さ l は（C）のデプスバーを使う．

測定値は主尺と副尺を併用して求める．図 1-2 に主尺と副尺の目盛の一部を示すが，この場合 1/20 mm まで求めることができる．図にみるように，副尺の目盛は 19 mm を 20 等分したものである．したがって，副尺の目盛間隔は 19/20 mm＝(1－1/20) mm で主尺の目盛間隔より 1/20 mm 狭い．

図 1-3 は図 1-1 の副尺の部分の拡大図で，目盛は外径 D の寸法を示している．副尺 0 の目盛位置から D は 22 mm と 23 mm の間にあることが分かる．ここで，$D=(22+x)$ mm とすると，22 mm を副尺の 0 の位置で，x mm を副

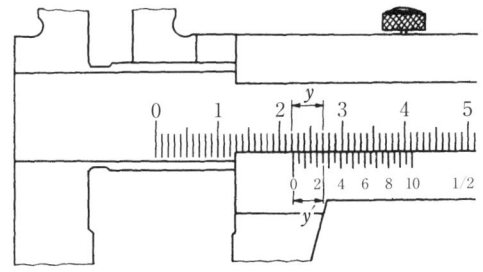

図 1-3 副尺の読み方

尺の目盛で読むことになる．図をみると，主尺の目盛と副尺の目盛が一致している位置は主尺の 27 mm と副尺の 5 番目の目盛（数字は 2.5）である．したがって，y, y' を図のようにとれば，$x = y - y'$ である．y, y' の長さは，主尺と副尺の目盛数が共に等しく 5 であるから

$$x = y - y' = 5 - 5\left(1 - \frac{1}{20}\right) = \frac{5}{20} \ \text{[mm]}$$

となる．これは，一致している目盛が他の位置であっても主尺，副尺の両者の目盛の数は等しく，副尺の n 番目の目盛が一致しているときは，

$$x = \frac{n}{20} \ \text{[mm]}$$

となる．また図から分かるように，x は副尺に記してある数字を読むだけで直接求めることができる．ゆえに，図 3 の場合には

$$D = 22.25 \ \text{mm}$$

である．副尺は，この他に，39 mm を 20 等分したもの，24.5 mm を 50 等分したもの（主尺の目盛間隔 0.5 mm）がある．

マイクロメーター（micrometer screw）

図 1-4 は一般に用いられているマイクロメーターである．物体の長さは測定面 AB に挟んで測定する．B と円筒 S は直結されていて，内部に 0.5 mm ピッチのネジが切ってあり，S を右ねじ方向に 1 回転させると B は回転しながらその先端は左の方向へ 0.5 mm 移動する．S には円周を 50 等分した目盛がつ

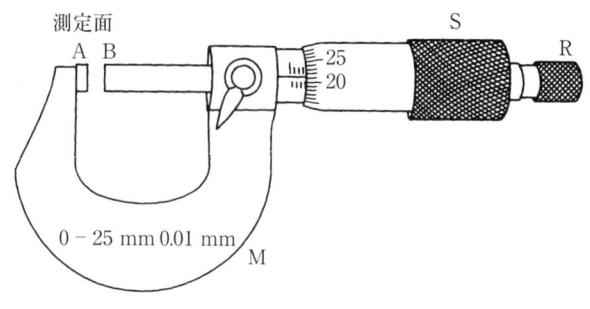

図 1-4 マイクロメーターの構造

いている．本体 M には 0.5 mm 刻みの目盛がついている．したがって，これらの目盛で，S について回転数 1/50 回転まで，長さに換算して 1/100 mm の精度で読むことができ，さらに目分量で 1/1000 mm（1 μm）すなわちマイクロメーターまで読むことが可能である．

　マイクロメーターは S の動き（回転）に比べ B の移動量は小さいが，S に加える力が小さくても AB 間に大きな力が加わる．このため計測される物体が変形してしまうことがある．これを避けるため，つまみ R にはラチェットがついていて，一定の力が加わったところで空転するようにつくられている．物体を測定するときは必ず右端のつまみ R で S を回転させること．また，S をあまり速く回転させると，その慣性のために物体に必要以上の力をかけることがある．測定面と物体を接触させるときは注意深く慎重に行うべきである．

　図 1-4 に示される側面部 AB を直接接触させたとき，表示部 S では 0.000 mm を示すのが理想であるが，大抵の場合，表示が 0 を示さず，場合によっては負の値を示す．したがって初めに，側面部 AB を直接接触させたときのマイクロメーター指示を読み，次に任意の物体を挟んで計測し，双方の値の「差」を求めて測定値としなければならない．このように，0 点のずれの分を補正する作業を「0 点補正」といい，マイクロメーターを使用する際に必須の作業である．0 位置のずれは，＋方向にも －方向にも生じるので目盛の読み違いをしないように注意しなければならない．読み方がはっきりしないときは，数直線を想像し正負を判断すればよい．図 1-5 を参考にして読み取りなさい．

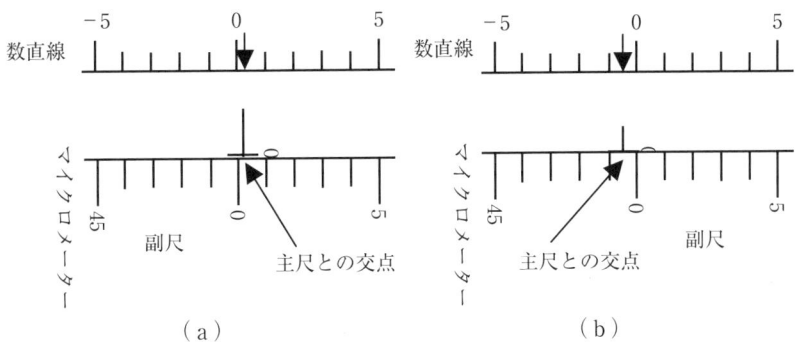

図 1-5 マイクロメーターの「0 点補正」のときの目盛の読み方
（数直線と比較して考える）
0 点補正値：（a）0.002 mm （b）－0.005 mm

　実際の測定はまず何も挟まないで測定面 AB を合わせたときの読みを調べる（0 点補正値）．次に AB を開いて物体を挟み，長さを 1/1000 mm まで読む．再び 0 点を読んだ後に物体の長さを読む．この方法で必要回数だけ繰り返し測定する．針金の直径などは場所によって，また長さ方向にも直径のばらつきがあるのでよく考えて測定することが必要である．

(2) デジタルマルチメーター（テスター）

　電気的測定において，直流や交流の電圧あるいは電流，さらに電気抵抗，コンデンサーの容量，発振周波数など種々の電気量を，それほど精度を必要とせずに簡単に測定できる計器としてデジタルマルチメーター（あるいはマルチテスター，単にテスターともいう）がある．ここでは，テスターの内部構造などには触れず，使用方法に限って簡略に説明する（詳細はメーカによって微妙に異なるので，各機器の説明書を熟読することが望ましい）．ただし，テスターは弱電流を測定対象としていることに注意すること．テスターの主な名称を図 2-1 に示す．

26 実験に必要な基礎的事項

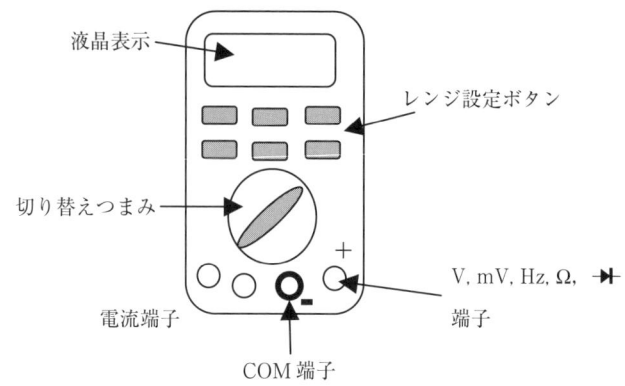

図 2-1　テスターの主な部位の名称

直流電圧（DCV）の測定

電圧測定は，テストリードを図 2-2，2-3 のように接触させて測定する．測定にあたって，レンジつまみ（またはファンクション切り替えつまみ）を OFF から DCV に切り替える．測定電圧のおおよその大きさがあらかじめ分かっている場合はそれより少し大きめのレンジを，また大きさが分かっていない場合は最大のレンジを選択して予備測定をし，順次最も適当なレンジまで感度を上げて測定する．測定端子の差込口は何を測定するかで異なるものが多い．一般にはテストリードの黒端子を COM に差し込み，赤端子を，電圧端子（V, mV, Hz, Ω, ⇥ などが共通になっている）に差し込む．

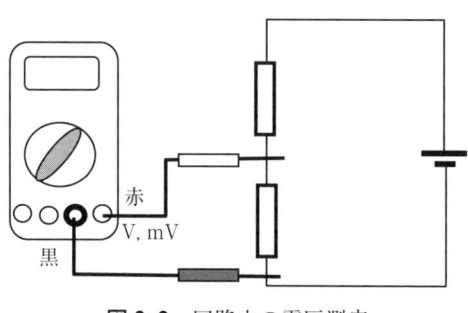

図 2-2　回路中の電圧測定

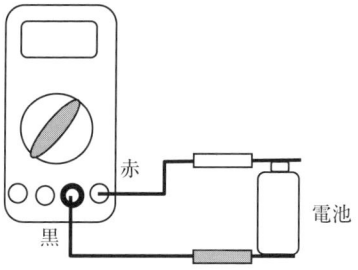

図 2-3　電池（電源）の電圧測定

直流電流（DCA）の測定

　電流測定はテストリードを図 2-4 のように接触させて測定する．レンジつまみ（またはファンクション切り替えつまみ）を OFF から DCA に切り替える．測定のときのテストリードのつなぎ方は図 2-4 に示すように，必ず回路中の負荷を通して直列に挿入する形で行い，決して図 2-5 のように電圧測定の配線にしないこと．電流計の状態で図 2-5 の配線をすると大電流が流れることがあり，破損する．

　テスターでの電流測定は，基本的に弱電流を対象としており，学生実験ではほとんどが mA, μA の桁である．初め 500 mA のレンジから計測を始めて必要ならば最適なレンジに切り替える．

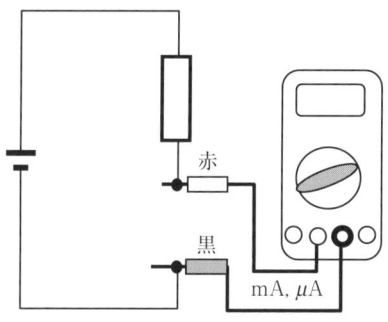

図 2-4　電流測定

28 実験に必要な基礎的事項

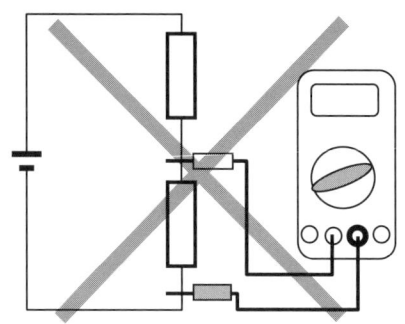

図 2-5 電流測定でしてはならない配線

抵抗（Ω）測定

　まずテスターのチェックをする．レンジつまみ（またはファンクション切り替えつまみ）を OFF から Ω に切り替え，赤・黒のテストリードの先端を接触させ，数秒待ち液晶表示が 0Ω であることを確認する（あるいは 0 調整ダイヤルを使って 0 調整をする．調整の方法は機種によって異なるので取り扱い説明書を参考にする）．もし 0Ω にならないときには実験指導者に相談する．

　次に，被測定体である抵抗の両端に図 2-6 のように接触させる．測定範囲はおおよそ $50\,\Omega \sim 50\,M\Omega$ であり，低抵抗側では感度は $0.01\,\Omega$ が一般的である．抵抗値の大きい被測定体の場合，リード端子の接触部に指が触れていたりすると，抵抗値が変わるから注意しなければならない．

データロギング機能とデータ通信機能

　この機能は，測定値を最大 43,000 件メモリに保存できる．不揮発性メモリを使用しているので，記録終了後持ち運びや電池交換をしても内部のデータは保存されている．

　データ取得の時間間隔は Memory Interval ボタンを押し，次に ◀◀ または ▶▶ を押して取り込み時間を選択する．最短の時間間隔は 0.05 秒（20 回/秒）で，表示は「t0.05」である．適当な時間間隔を選択した後，再び Memory Interval ボタンを押して確定する．

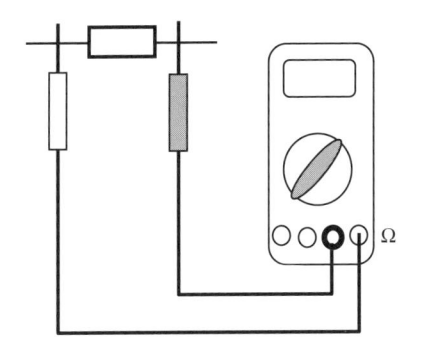

図 2-6　抵抗測定

　データロギングを開始するときは，通常測定モード時に▶ボタンを1秒以上押す．はじめに"Strt"（スタート）が，次に取り込み間隔が表示器に表示され，記録を開始する．データロギングを終了するときは■ボタンを1秒以上押すと，表示が"Stop"となり，記録が停止し，通常の測定モードに戻る．データロギングを開始すると以前に保存したデータはメモリから消去され，新たにデータを記録するので注意が必要である．

　記録したデータをパソコンへ転送するには，専用のケーブル（KB-RS2またはKB-USB2）と専用ソフトウェア（PC LinkもしくはPC Link Plus）を用いる．専用ケーブルKB-USB2はテスター（PC520M）の裏面のスタンドを開き，ケーブルボックスをネジ止めし，他の一端であるUSB端子をパソコンに接続する．ただし，パソコン，KB-USB2，テスターを接続するときは，テスターの入力端子に入力が加わっていないことと，ファンクションスイッチがOFFになっていることを必ず確認すること．パソコンにすでにソフトウェア「KB-USB1/2およびPC Link」がインストールされている場合は，図2-7の手順となる．

　この他にテスターでは
　●コンデンサーの容量測定　●周波数測定　●温度測定　●導通チェック
　●ダイオードテスト

などが可能な機種もある．これらの測定法は測定器付属の取り扱い説明書を参考にすることが望ましい．

30 実験に必要な基礎的事項

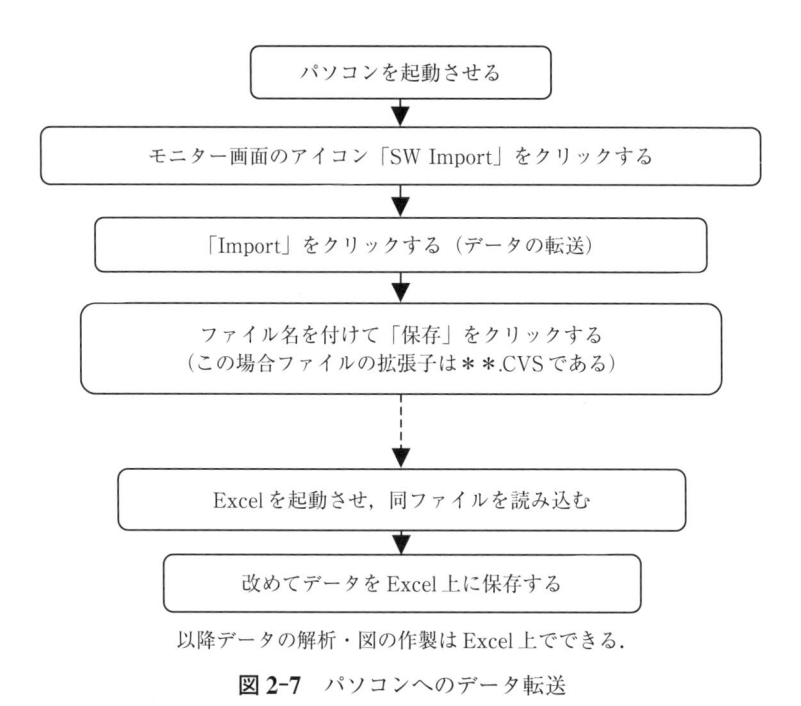

```
┌─────────────────────┐
│  パソコンを起動させる  │
└──────────┬──────────┘
           ↓
┌──────────────────────────────────────────┐
│ モニター画面のアイコン「SW Import」をクリックする │
└──────────────────┬───────────────────────┘
                   ↓
┌──────────────────────────────────────┐
│ 「Import」をクリックする（データの転送） │
└──────────────────┬───────────────────┘
                   ↓
┌────────────────────────────────────────────┐
│    ファイル名を付けて「保存」をクリックする       │
│ (この場合ファイルの拡張子は＊＊.CVSである)     │
└──────────────────┬─────────────────────────┘
                   ⋮
┌──────────────────────────────────────┐
│  Excel を起動させ，同ファイルを読み込む  │
└──────────────────┬───────────────────┘
                   ↓
┌──────────────────────────────────────┐
│   改めてデータを Excel 上に保存する    │
└──────────────────────────────────────┘
```

以降データの解析・図の作製は Excel 上でできる．

図 2-7　パソコンへのデータ転送

(3) ストップウォッチ

ストップウォッチはラップ計測，スプリット計測，100 ラップ/スプリットタイムメモリーに時刻，カレンダーの機能を備えている．

●機能の切り替え

図 3-1 の MODE ボタンを押すごとに，カレンダー→ LAP → SPLIT の各機能に切り替わる．機能の状態は表示板の上段上隅に表示される．

●積算タイム：計測時間の積算

LAP 機能を選択する．ボタン C を押し計測を始め，ある時刻でボタン C を押して計測を終了すると，表示板にはそのときの経過時間が示される．再びボタン C を押して計測を続けると，下段の表示値は計測時間の積算が表示される．停止後，ボタン A を押すと表示板は 0 を表示し，始めの状態に戻る．メモリーは残らない．

II 測定結果のまとめ方 **31**

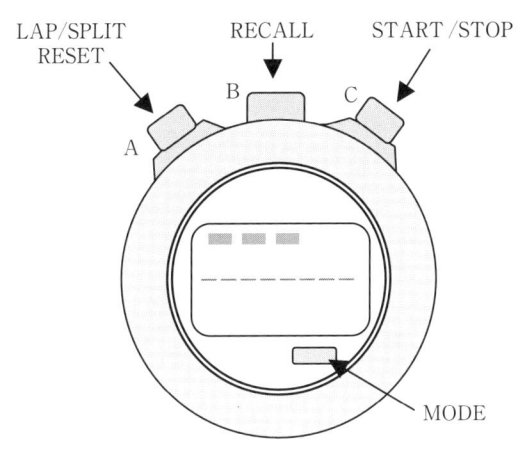

図 3-1　ストップウォッチの主な名称

● ラップタイム：区間経過時間の計測

　LAP 機能を選択する．ボタン C を押してスタートする．途中，ボタン A を押すとそれまでの経過時間が表示板上段に表示され，同時に左端に A ボタンを押した回数が示される．下段はそのままスタート時からの経過時間を計測する．再び A ボタンを押すと，1 つ前の経過時間が上段に表示され，左端の数値は 1 増える．繰り返し計測後，ボタン C を押すと，計測は終了となる．

　ボタン B（RECALL）を押し，次にボタン A を押すと最後の区間での経過時間を示す．繰り返しボタン B を押すと，順にさかのぼって区間の経過時間を表示する．

● スプリットタイム：途中経過時間の計測

　SPLIT 機能を選択する．ボタン C を押して計測を開始する．途中，ボタン A を押すと第 1 区間での経過時間を上段に示し，計測は継続される．再びボタン A を押すと，上段は第 2 区間までの経過時間の積算を示し，下段は計測を継続する．繰り返しの計測後，ボタン C を押すと計測は終了する．

　計測後ボタン B を押し，その後ボタン A を押すと，開始から区間までの積算時間が下段に，区間ごとの経過時間が上段に示される．ボタン A を押すと RESET され，初期の状態に戻る．

物理学実験―入門編―

1 慣性の法則

目的

物体は，外から力を受けない限り，等速度直線運動を続ける．すなわち，ある速度で動いている物体は，引き続き同じ速度で運動を維持する．この「慣性の法則」を，試走車の運動を通して理解する．

1. 原　理

　慣性の法則は，ニュートンの「運動の3法則」内の第1法則で，ニュートン力学の基本を示している．この法則は物体の運動の基本を「等速度直線運動」とし，その運動状態を持続させる性質として「物体の慣性」を定義している．ここでは，図1に示すように台車と一緒に運動していた試走車が，台車を急停止させた後に，どのような運動をするかを通して「慣性の法則」を理解する．

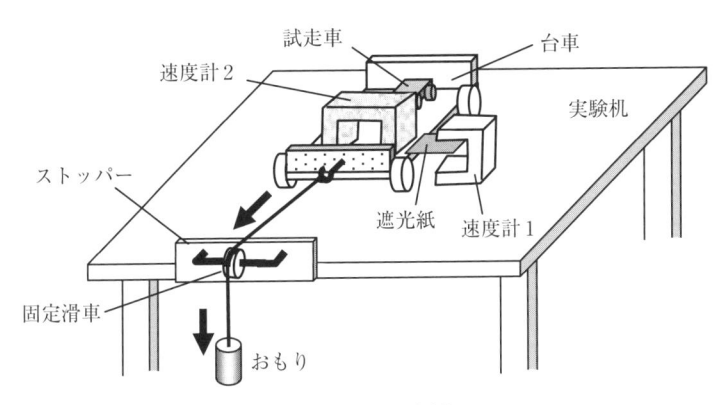

図1　装置の配置

2. 実　　験

台車に載せた試走車の運動

　一定加速度で走行していた台車が急停止したとき，台車上に載っていた試走車が，その後，どのように運動をするか調べる．

実験手順

　① 図1のような実験装置を使って，鉛直に下ろした糸の先端におもりを付け，静かに手を離すと台車は一定加速度 a で走り出す．この台車が前方にあるストッパーで運動を急停止すると，その瞬間，台車上の後方に置いてある試走車は前方に向かって飛び出す．試走車の飛び出す速度 v を速度計2により調べ，同時に急停止する直前の台車の速さ V を速度計1により調べる．

　② 速度 V と v の間にどんな関係があるかを台車の加速度を変えて測定する．2個の速度計の位置をよく検討し，同時刻でのデータが得られるように工夫する．

3. 結果と解析

　① おもりの質量を変えて，台車の速度 V（速度計1で計測）と試走車の速度 v（速度計2で計測）との関係を表にまとめ，それをもとに作図し，結果を検討しなさい．

　② おもりの質量を m，台車の質量を M とするとき，台車の加速度 a とどんな関係にあるか（摩擦は無視できるとする），運動方程式をたてて解を求め議論しなさい．

（補）「だるま落し」の実験

　子供の玩具に「だるま落し」がある（図 2）．だるまを下から順に打ち抜くためにはどんな工夫が必要か，実験を通して考えなさい．特に，打ち抜くための木づちの速さと上に載っているおもりの質量がどう関係するか，静止摩擦力などを考慮して考えなさい．

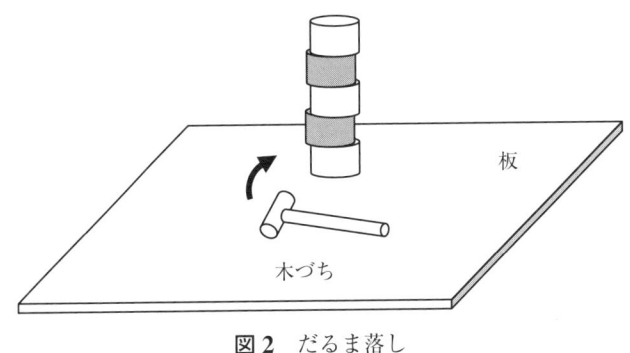

図 2　だるま落し

2 作用反作用の法則

目的
ニュートンの運動の3法則のうちの第3法則である「作用反作用の法則」を，簡単な実験を通して検証し，力の釣り合いとの違いを理解する．

1. 原 理

2つの物体A，Bが互いに力を及ぼし合うとき，2つの力は，
1) 同一作用線上
2) 互いに逆向き
3) 等しい大きさ

である．すなわち，物体Aが物体Bに力 F_{BA} 〔N〕を作用するとき，同時に物体Bは物体Aに対し，同じ大きさで逆向きの力 F_{AB} 〔N〕を作用する．これを作用反作用の法則という（図1，2参照）．

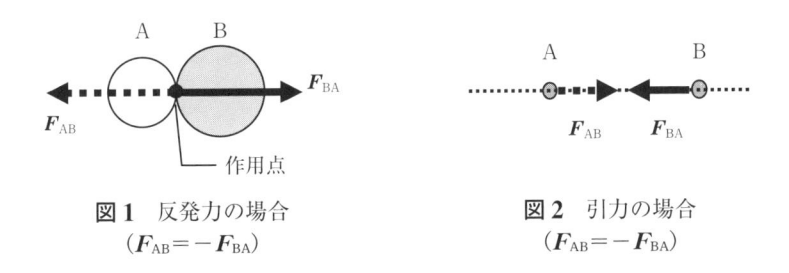

図1 反発力の場合
($F_{AB} = -F_{BA}$)

図2 引力の場合
($F_{AB} = -F_{BA}$)

作用反作用は，2つの物体が互いに相手の物体に作用する力について述べており，同一物体に働く力の合力とは異なる．物体Aの運動について考えると

きは，物体 A が物体 B に及ぼす力 F_{BA} ではなく，物体 A が物体 B から受ける力（反作用；F_{AB}）を考える．F_{AB} と F_{BA} との間の釣り合いを考えることは意味がない．

たとえば，床に置かれたおもりは重力（$W=mg$）と床からの垂直抗力 N によって釣り合う．

$$mg+N=0$$

ここで，おもりは地球から mg の引力を受け，その反作用として地球はおもりから mg の引力を受ける．さらにおもりは床を W なる力で押し，その反作用として床から垂直抗力 N（$=-W$）を受ける．垂直抗力は床に置かれた物体に働く力である．

2. 実　　験

|実験手順|

①　図3のように押し・引き兼用のばね秤2台を互いに向かい合わせる．ばね秤2のフックの付いている方をストッパーの穴を通すようにして保持し，ばね秤1の胴の部分を持って押す．押す力を変えながら2台のばね秤の読みを記録する．このとき2台の秤の読みは，どう変化するか．

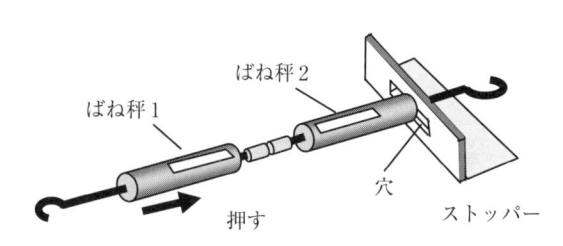

図3　2つのばね秤の押し合い

②　慣性の法則の実験で使った台車を使用する．図4のように台車にばね秤1を輪ゴムで台車に固定し，それと連結したばね秤2の胴の部分を手で引き，台車を加速度運動させる（注意：ばね秤を引くときは，始めはゆっくりと引

き，徐々に速さを増すようにする)．このとき，ばね秤の読みと台車の加速度 α〔m/s²〕を測定する．2個のばね秤の読みと台車の受ける力 F (=$m\alpha$) はどのような関係になるかを加速度 α と台車の質量を変えて調べる．加速度 α は，図4のように速度計を2台使い，それぞれの速度計の中央2点間の距離 S の間の速度 V_1, V_2 から次式により求める．

$$\alpha = \frac{V_2^2 - V_1^2}{2S}$$

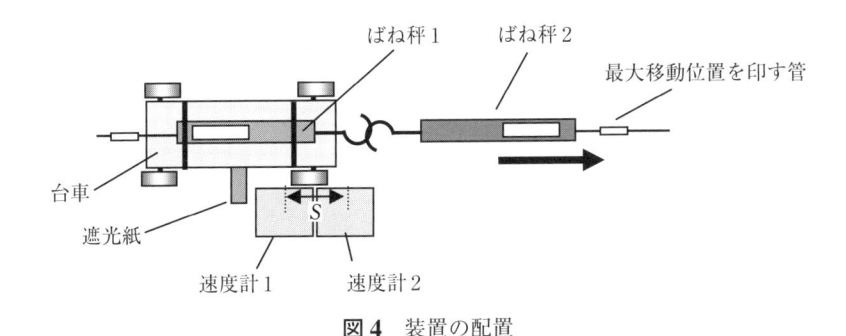

図4 装置の配置

③ ②と同様にばね秤を固定した台車を2台準備する．図5のように2台の台車を連結し，定滑車を通して垂直に吊るしたおもりで引き，加速度運動をさせる．このときの加速度 α は次式の関係より求める．

$$\alpha = \frac{2x}{t^2}$$

ここで，おもりの移動距離を x〔m〕，時間を t〔s〕とする．

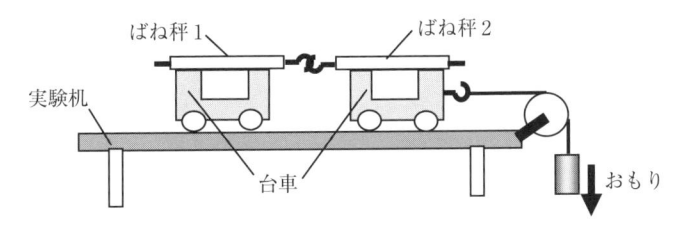

図5 おもりの落下による台車の運動

加速度を求めるやり方以外は，実験②と同じと考えて実験をしなさい．

3. 結果と解析

① 実験①の測定値を図示し，結果を検討しなさい．

② 実験②，実験③の測定結果を表にまとめ，加速度運動を引き起こす力と，作用反作用の関係にある力を区別し説明しなさい．

3 斜面降下運動の動的解析

目的
斜面に沿って降下する小球をデジタルカメラで連写撮影して，その運動を記録する．各画像における物体の位置座標を計測し，これをもとにして，その速度および加速度を求め「運動の動的解析」をする．

1. 原　理

図1のように，傾いた真すぐなレールに沿って小球が降下する運動を考える．

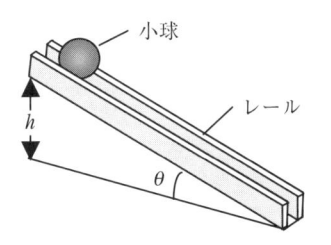

図1 傾いたレールに沿った小球の降下

一定の傾きをした斜面を降下する質量 m の小球の運動は，小球の運動する向きを斜面に沿って $+s$ 軸とすると次の運動方程式で表される．

$$m\frac{d^2s}{dt^2} = mg \sin \theta$$

ここで θ 〔rad〕は斜面の仰角，g 〔m/s²〕は重力加速度である．ただし，レールと小球との間の摩擦や，球の回転による影響は無視する．しかし，斜面が直線でない場合にはその運動の解析がむずかしくなる．そのような場合でも，小

球の時々刻々における位置を知ることができれば，数値解析によりその運動を解析することができる．本実験は，デジタルカメラの連写機能あるいは動画撮影機能を利用して小球の動きを記録し，画像処理を通して得られる静止画像から時々刻々における小球の座標を計測し，時間-座標の関係をもとにして，小球の降下運動の動的解析をする．

2. 実　　験

図2(a)～(c)に示されるいろいろな形状をした斜面を降下する小球の運動を，デジタルカメラにより連写撮影をしてその運動を調べる．撮影された画像の解析から，それぞれの斜面で小球の速度，加速度の変化の様子をまとめる．（注意：動画撮影機能を用いた場合は，時々刻々の静止画像に画像処理し，同様の解析をする）

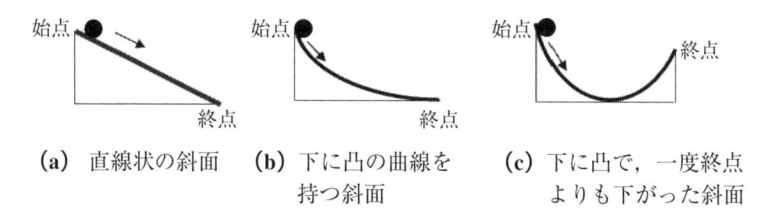

(a) 直線状の斜面　　**(b)** 下に凸の曲線を持つ斜面　　**(c)** 下に凸で，一度終点よりも下がった斜面

図2　小球が降下する斜面の形状

|実験手順|

① 図3に示すように，デジタルカメラを三脚にセットし，レール全体がカメラ視野に入る位置に固定する．レールの上下の邪魔にならない位置に，参照用のスケールをセットする．次にプラスチックのレールを曲げて図2のような斜面を作る．

② 白色を塗付した小球を使用する．1人が小球をレールの始点に置き，もう1人がデジタルカメラを操作し，撮影者の合図と共に小球から手を離し，小球の降下運動の様子を記録する（画像を確認しながらうまく撮れるまで，数回試みる．デジタルカメラの操作の詳細は，添付の説明書をよく読むこと．本コースでは毎秒20コマ撮影のカメラを使用する）．コマごとの小球がきれいに写

3 斜面降下運動の動的解析　**45**

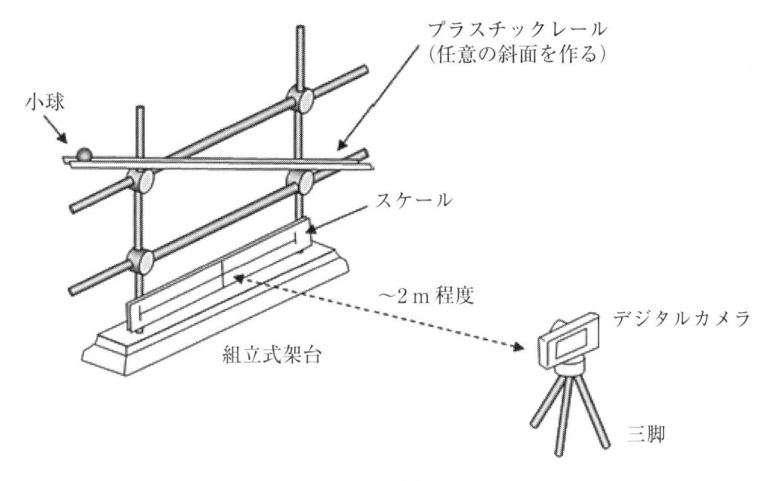

図3 装置の配置

っているのか確認する．

③　画像をコンピュータに転送する．

連写の場合はコンピュータに転送された画像から直ちに座標の読み取りを行う．ただし，用いたカメラの記録が MOV 形式のものは一度 AVI 形式に変換してから転送する必要がある．

④　合成画像を作成する．

画像を重ね合わせた合成画像にする場合はフリーソフト「ImageJ」を用い，また座標の読み取りを細かく行うにはフリーソフト「Simple Digitizer」を用いる．合成画像は各自 USB に保存する．

3. 結果と解析

①　合成画像から小球の位置を次のようにして読み取る．ソフトウエア*から，撮影した画像を開き，図4のような画像の上にマウスポイントを置くと，その位置の座標が表示される．この座標値はピクセル（pixel＝画素）という単位で表されている．そのため，画像中のスケールの映像から，実物の何 mm

が画像の何 pixel に相当するか，その比率 r [mm/pixel] を求める．

② 画像から時間順に，小球の中心位置の座標（ピクセル）を読み取り，ノートに記録する．

（注意*：ソフトウエアはコンピュータに常備のもの，あるいは「Simple Digitizer」を用いる）

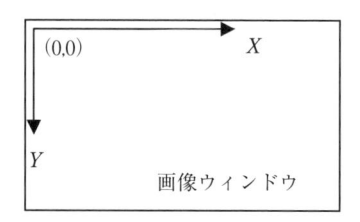

図4 パソコンの画像ウィンドウ上の座標
（画像の左上隅が座標の原点で，Y 軸は下向きであることに注意）

③ 斜面(a), (b), (c)の各々の実験について，小球の刻々の位置を表1のようにまとめる．ソフトウエアによる座標（pixel 単位）から実際の距離への換算は，先に求めている比率 r を用い，ピクセル数を r 倍にする．ただし，時間間隔はカメラの毎秒コマ数となる．

表1 小球の位置表示

時間 [s]	X [pixel]	Y [pixel]	座標X [mm]	座標Y [mm]
0.00				
0.05				
…				

④ 表1をもとに，斜面(a), (b), (c)の場合について，各時刻での速度，加速度の x および y 成分を計算し表2のようにまとめなさい．ここで各速度，加速度成分は次式で与えられる．

$$v_{x,n}=\left(\frac{x_{n+1}-x_n}{0.05}\right)\times r, \quad v_{y,n}=\left(\frac{y_{n+1}-y_n}{0.05}\right)\times r$$

$$\alpha_{x,n}=\left(\frac{v_{x,n+1}-v_{x,n}}{0.05}\right)\times r, \quad \alpha_{y,n}=\left(\frac{v_{y,n+1}-v_{y,n}}{0.05}\right)\times r$$

表2 速度および加速度の成分表示

(a) 速度成分の時間変化

時間〔s〕	v_x 〔m/s〕	v_y 〔m/s〕

(b) 加速度成分の時間変化

時間〔s〕	α_x 〔m/s²〕	α_y 〔m/s²〕

⑤ 斜面(a),(b),(c)について,表2のデータをもとに,図5,図6を参考にしてx方向,y方向,それぞれの速度,加速度の図を作成し,レールを降下する小球に働く力と加速度の関係を解析しなさい.

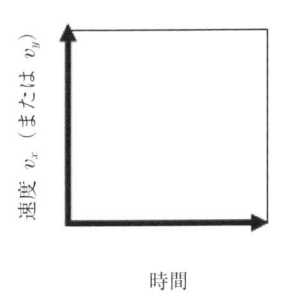

図5 x方向(またはy方向)の速度と時間の関係

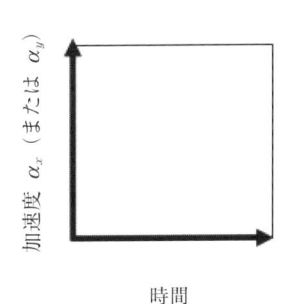

図6 x方向(またはy方向)の加速度と時間の関係

4 静止摩擦と動摩擦

目 的

台の上に置かれた物体が運動を始めるときや，運動中には物体と台との間に抵抗力が生じる．この抵抗力を直接測定し，「摩擦力」が最大静止摩擦力から動摩擦力へ変化していく過程，また，摩擦力が垂直抗力に依存することを確認し，静止摩擦係数および動摩擦係数を求める．

1. 原 理

水平な台の上で物体を滑らせると，物体は次第に遅くなりやがて静止する．ニュートンの第2法則により，これは物体が負の加速度をもって運動したことを意味する．負の加速度を生じた力は，物体と水平台の間に生じる摩擦力である．また，台上に置かれた物体を水平方向に押しても，加える力が小さいと物体は動かない．力を加えられた物体が，静止したままであるときには，物体には外から加えられた力だけでなく，加えられた力と逆向きで大きさの等しい力が加わっていて，2つの力の合力がゼロになっているためと考えねばならない．この逆向きで，物体の運動に抵抗する力が摩擦力である．外から加える力を徐々に大きくすると，ある瞬間に物体は台上を滑り始める．物体が滑り出す直前の摩擦力 f_{max} の大きさ（最大静止摩擦力）は

$$f_{max} = \mu N$$

で表される．ここで N は台が物体に及ぼす垂直抗力，μ は静止摩擦係数である．垂直抗力 N は，物体の質量を m，重力加速度を g とすると次式になる．

$$N = mg$$

摩擦のある台上で物体を滑らせつづけるためには，物体にある大きさの力を加え続けなければならない．これは滑っている物体にも常に摩擦力が作用しており，その運動を妨げようとしているからである．この抵抗力を動摩擦力という．動摩擦力は一般に滑り出す直前の最大静止摩擦力より小さい．すなわち一度滑り出した物体の運動を継続するための力は，物体を動き始めさせるための力より小さい．動摩擦力 f' と動摩擦係数 μ' との関係は次式で与えられる．

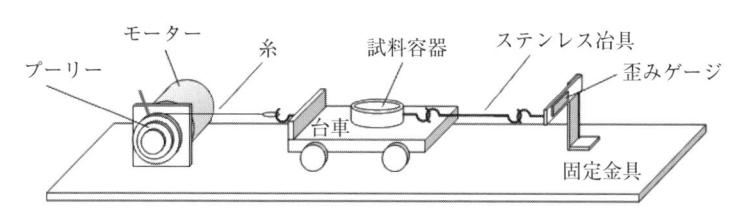

$$f' = \mu' N$$

図1　装置の配置（摩擦力測定）

2. 実　　験

図1のように，水平に置かれた板の上に台車，歪みゲージ，直流モーターを配置する．台車の上面にはPET膜（ポリエチレンテレフタレートフィルム）が貼り付けられている．摩擦力はPET膜面と，その上に置かれた試料容器の底面との間に生ずる．試料容器の底面にはテフロン膜を貼り付けており，摩擦力測定のときは，PET膜とテフロン膜の間の摩擦力を歪みゲージ（後述）を用いて直接，かつ連続的に測定する．

（1）　デジタルマルチテスターの操作法

①　歪みゲージ，ゲージ用増幅器および安定化電源を使って，時間変化をする摩擦力の値を電圧変化として出力する．

②　デジタルマルチテスター（PC520M）を使って，①で出力された電圧を一時的に測定器内に保存する．各測定終了後保存したデータを，光学式USB用ケーブルを使ってノート型パーソナルコンピュータ（以下PCと呼ぶ）に，

転送する.

〈摩擦力の連続測定は次のように行う〉

① テスターの電源を ON にし,ダイヤルを直流電圧〔mV〕レンジに切り替える.

② Memory Interval を押し,◀◀ または ▶▶ を押して,取り込み時間「t0.05」を選択する.再び Memory Interval ボタンを押して確定する(t0.05 は 0.05 秒(20 回/秒)を指す).

③ 測定開始は,通常測定モード時に▶ボタンを1秒以上押すと,"Start" を,次に取込間隔を表示し,測定を開始する.終了は,■ボタンを1秒以上押すと,"Stop" を表示し記録を停止する.

④ PC の画面上の SW Import を起動させ,SW Import 画面上のインポートで数値を読み込み,ファイル名をつけて保存する.次に Excel を起動させて,保存したファイルを読み込む(p. 30,図 2-7 を参照しなさい).

⑤ データをグラフ化し,結果を確認する.

(2) 歪みゲージの校正法

歪みゲージは図2に示されるブリッジ回路に組み込まれている.

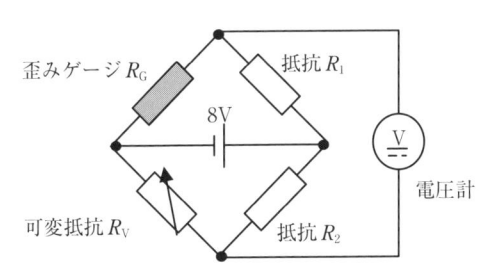

図2 摩擦力計測用ブリッジ回路

歪みゲージは,微小な変形に敏感な抵抗体でその抵抗値を R_G,他の3つの抵抗値を R_1, R_2, R_V とすると,電圧計の読みがゼロとなるとき,

$$\frac{R_V}{R_2} = \frac{R_G}{R_1}$$

が成立する．この状態で，歪みゲージに微小の変形が加わると抵抗値 R_G が変化し，釣り合いが崩れ，それが電圧計の電圧変化として表れる．

このとき可変抵抗 R_V の値を，歪みゲージの変形前の出力電圧が数 mV の出力になるようにし，歪みゲージの変形による出力電圧がこれにプラスされるように調整する．

（3） 歪みゲージによる摩擦力の測定

摩擦力の計測は，物体に力が加えられ始めてから最大摩擦力を経て滑り出すまでの 10 数秒間である．測定前にモーターを予備運転し，物体，ステンレス棒などが正しく滑る向きまで引いた状態で台車を停止させる．次に，モーターのみをわずかに逆回転させて巻き取りの糸にたるみを作り，歪みゲージに対する張力が 0 の状態にし，測定を開始する．滑り出す直前に物体が向きを変えるとデータが乱れるので注意する必要がある．

|実験手順|

歪みゲージの校正

① 図 3 の装置を組み，糸の一端に 10 g，20 g，30 g と順におもりを加え，デジタルマルチテスターに表示される電圧値を記録する．

② 荷重 W〔N〕に対する歪みゲージからの出力電圧〔mV〕を図にまとめ，直線の傾き α〔mV/N〕を求め，出力電圧〔mV〕から力〔N〕への換算率 $r\left(=\dfrac{1}{\alpha}\text{〔N/mV〕}\right)$ を決定する．

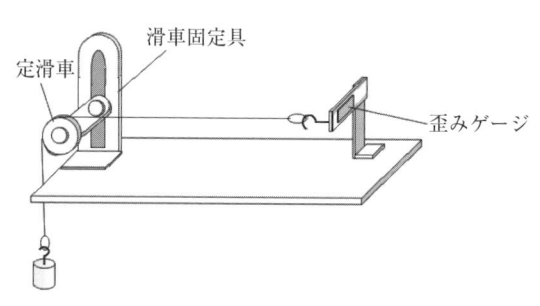

図 3 装置の配置（歪みゲージ校正）

摩擦力の測定

① 図1の装置を組み，試料容器におもりを載せて垂直抗力を変えては測定を繰り返す．計測の手続きは(1)のデジタルマルチテスターの操作法を参照しなさい．

② 台車の速度を変え，摩擦力の違いを調べなさい．

③ PC画面上で，各荷重に対する出力電圧の時間変化を作図し確認する．

3. 結果と解析

図4は，測定されたデータをExcel上で図示した例である．測定値の差分ΔV_SとΔV_Kを，換算率でr倍した値$r\Delta V_S$，$r\Delta V_K$が静止摩擦力f_Sと動摩擦力f_Kとなる．

① 荷重〔N〕ごとに図4と同様の解析を行い，加重に対するΔV_SおよびΔV_Kを求め，次に$r\Delta V_S$，$r\Delta V_K$を算出して表1のようにまとめる．

② 表1をもとに荷重に対する摩擦力の図を作成し，図から静止摩擦係数μおよび動摩擦係数μ'を求めなさい．

③ 台車の速度を変えた同様の実験を比較検討しなさい．

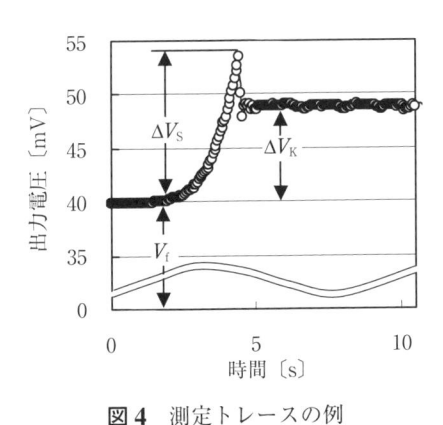

図4 測定トレースの例

表1 荷重に対する静止摩擦力と動摩擦力

W〔N〕	測定値		計算値	
	ΔV_S〔mV〕	ΔV_K〔mV〕	f_S〔N〕	f_K〔N〕

〈補〉 摩擦力を使って棒の重心を探す.

図5のように，両手の人差し指に棒を載せて支える．次に互いの指を近づけるように水平に移動する．このとき棒は指の上で滑り運動をし，2本の指は棒の重心に近づく．図5で，NおよびMはそれぞれの点で指から棒に加えた垂直抗力を示し，Wは棒の重心に加わる重力を示す．

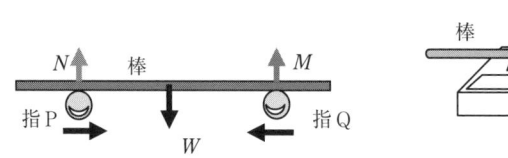

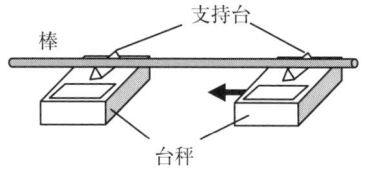

図5 2本の指で支えられた棒の場合　　**図6** 2つの台秤に支えられた棒の場合

次に，図6のように配置した2台の台秤の上に棒を載せ，一方の台秤を他方の台秤の方に静かに近づけながら，台秤の示す数値の変化を観察する．どちらの台秤の支持台の上で棒が滑り運動をし，そのとき，台秤の数値はどのように変化したかを観察し，結果をまとめなさい．特に棒の滑る向きが反転する瞬間にどんなことが起こっているかを考察しなさい．

5 落下運動と空気抵抗

> **目的**
> ほぼ同じ形状をしたゴム球と発泡スチロール球の落下運動を調べ,「自由落下運動」と「空気抵抗の影響を受けた落下運動」との違いを学ぶ.

1. 原　理

　物体を空気中で静かに放すと,物体は重力を受けて落下を始める.このとき物体には落下の方向とは逆向きに空気抵抗力が働く.この抵抗力の影響が無視できるときの落下運動は,自由落下運動と呼ばれる.

　下向きを z 軸の正とすると自由落下運動の運動方程式は

$$m\frac{dv}{dt} = mg \tag{1}$$

と表される.ここで,m は物体の質量,g は重力加速度である.落下速度は,(1)式を時間について積分し,$t=0$ で $v=0$ の初期条件を代入して

$$v = \frac{dz}{dt} = gt \tag{2}$$

と表される.落下距離は(2)式をさらに時間について積分し,$t=0$ で $z=0$ の初期条件を入れると次式となる.

$$z = \frac{1}{2}gt^2 \tag{3}$$

　空気抵抗の影響は複雑だが,ここでは小さく軽い物体の落下,すなわち,空気抵抗力が落下速度に比例すると仮定する.すると,運動方程式は

$$m\frac{dv}{dt} = mg - bv \tag{4}$$

となる（数学的処理を簡単にするために，比例係数 $-b$ を $-mk$ にする例もよくある）．これを積分すると，落下速度として

$$v = \frac{mg}{b}(1 - e^{-\frac{b}{m}t}) \tag{5}$$

を得る．

さらに（5）式の積分から次式が導かれる．

$$z = g\left(\frac{m}{b}\right)^2\left(\frac{b}{m}t + e^{-\frac{b}{m}t} - 1\right) \tag{6}$$

（5）式において，落下を始めてから十分時間がたったとき，これを終端速度といい，このときの速度を v_∞ と表すと，

$$v_\infty = \frac{mg}{b}$$

を得る．この結果は（4）式の左辺がゼロ，すなわち重力と空気抵抗力が釣り合っていることを意味する．したがって，終端速度は等速度での落下運動を意味する．

2. 実　　験

　図1に示すように，2本の透明プラスチックの円筒を連結して用いる（全長 ～2 m）．円筒にビニールテープで速度計を固定し，さらにその円筒を物理スタンドに固定する．速度計は随時場所を移動できるよう，かつ落ちない程度に固定する．ゴム球や発泡スチロール球を円筒の上端より円筒の中央を貫くように落下させ，円筒の適当な場所に固定された速度計により通過速度を計測する．円筒はできる限り鉛直にし，球が円筒壁面に接触しないように注意しなければならない．ここでは物理スタンド台座での球の跳ね返りを避けるため，非弾性ゴム球を用いる．また発泡スチロール球は市販の直径 25 mm 球の内部を空洞に加工した後に貼り合わせ，殻の状態にしてある（質量 0.10～0.20 g）．

<u>実験手順</u>

　①非弾性ゴム球と発泡スチロール球の質量を電子天秤で計測する．

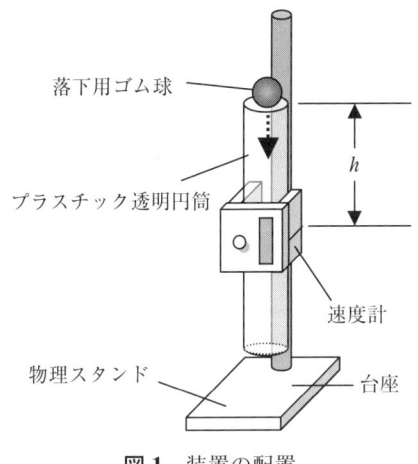

図1　装置の配置

② 球の位置を円筒上端に合わせて保持した後，球を離して円筒内に落す．
③ 図1に示すように落下距離 h は，円筒上端から速度計の中央までとする．h は5個所以上幅広く位置を変え，1つの高さに対し5回，落下速度を計測する．

3. 結果と解析

① ゴム球の落下運動について，測定結果をもとに，v^2 を縦軸，h を横軸にして図2のように描きなさい．図は次の発泡スチロール球の結果も併記するため，移動距離 h を 2.0 m まで取りなさい．
　ゴム球の落下が自由落下であるとすると，（2），（3）式より
$$v^2 = 2gh$$
で表される．図の直線の傾きより g を求めなさい．
② 発泡スチロール球の落下実験について，得られた落下距離 h と落下速度 v^2 の関係を実験①のグラフに併記し，落下の振る舞いの違いを確認しなさい．また，この実験において，発泡スチロール球の終端速度を図2を参考にして推定しなさい．次にその値を用いて空気抵抗係数 b を決定しなさい．

③ 発泡スチロール球の落下運動の v と t の関係を，ストップウォッチを使って調べ，結果を図示し，終端速度を求められるか挑戦してみなさい．

④ 発泡スチロール球の質量 m，空気抵抗係数 b，および v_∞ を適当にとり，各時刻における球の落下速度を計算し，速度と時間の関係を予測した図を図3を参考にして描きなさい．

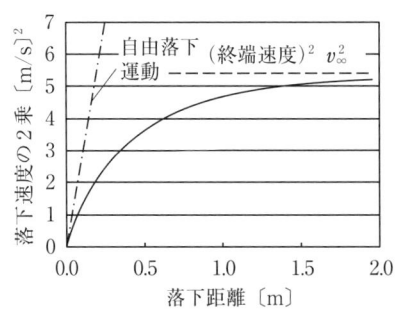

図2 （速度）^{2}と落下距離の関係 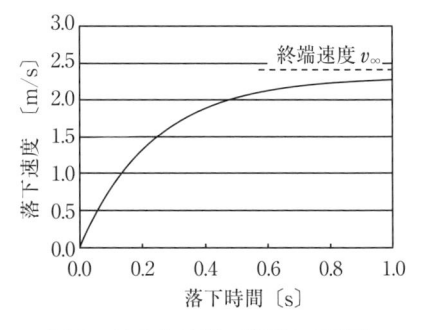　　**図3** 速度と時間の関係（予測図）

6 ばねの単振動と減衰振動

目 的
ばねに吊るしたおもりを使って，ばね定数の測定，振動の解析を行い，ばねの振動について理解する．さらに，「単振動」と「減衰振動」の違いを考える．

1. 原 理

ばね定数 k のばねに質量 m のおもりを吊り下げたとき，ばねが自然長 l より x_0 だけ伸びて釣り合ったとすると，（1）式が成り立つ（ただし，g は重力加速度，k の単位は〔N/m〕）．

$$kx_0 = mg \tag{1}$$

これをフックの法則という．

次に，釣り合いの位置にあるおもりに変位 x を与えて放すと，ばねによる復元力によっておもりは振動を始める．このおもりの運動方程式は，

$$m\frac{d^2x}{dt^2} = -kx \tag{2}$$

で与えられる．運動方程式の解は単振動を示し，

$$x = A\cos(\omega_0 t + \alpha)$$

の形になる．ω_0 は角速度で $\omega_0^2 = k/m$ の関係がある．α は初期位相を示す．これより，振動の周期 T は次式で与えられる．

$$T = 2\pi\sqrt{\frac{m}{k}} \tag{3}$$

一方，ばねの復元力に加えて，速度に比例した空気抵抗力（比例係数が

$2m\gamma$）が働くときの運動方程式は

$$m\frac{d^2x}{dt^2}+2m\gamma\frac{dx}{dt}+m\omega_0^2x=0 \qquad (4)$$

となる．ここで，ω_0 は空気抵抗力の影響がない単振動のときの角速度である．いま，空気抵抗力の影響が小さい（$\gamma \leq \omega_0$）場合の減衰振動を考えると，その解は

$$x=A\exp(-\gamma t)A\cos(\omega t+\alpha)$$

のようになる．ただし，$\omega=\sqrt{\omega_0^2-\gamma^2}=\sqrt{(k/m)-\gamma^2}$ である．

2. 実　　験

|実験手順|

(1) ばねの単振動

① ばね（小型のもの）を物理スタンドの棒に吊るし，おもり（約 250 g）を1個ずつ4個まで載せて，荷重に対するばねの伸びを順次測定してばね定数を決定する．

② 2個のばねを，図1のように，直列および並列結合して，①と同様の測

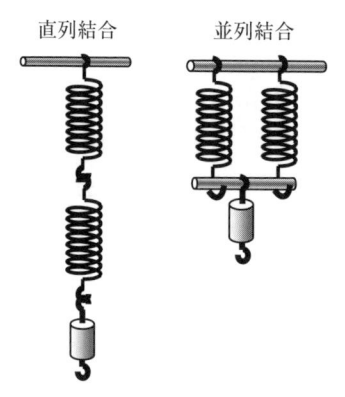

図1 ばねの直列および並列結合

定を行う．

③ 直列および並列結合したばねに，おもりを順次4個まで吊るし，振動周期を測定する．振動周期は30～50周期の時間を測定し，その平均より1周期を求める．

(2) ばねの減衰振動

① 図2のように，大型ばね，発泡スチロール円板（直径～300 mm）を着けたおもり（約250 g）を組み立てる．

② 釣り合いの位置で，目印のプラスチック片が定規の0 mmを示すように定規をセットする．

③ おもりを真上に200～250 mm程度押し上げ（この位置を記録する），静かに離す．

④ 読み取り係は，おもりが上下しながら，目印が最高点に達する位置を～5 mmの精度で読みあげ，記録係に知らせる．測定では目印を読む目線が常に定規に垂直になるように心がける．振幅が数センチ程度になるまで測定を続ける．

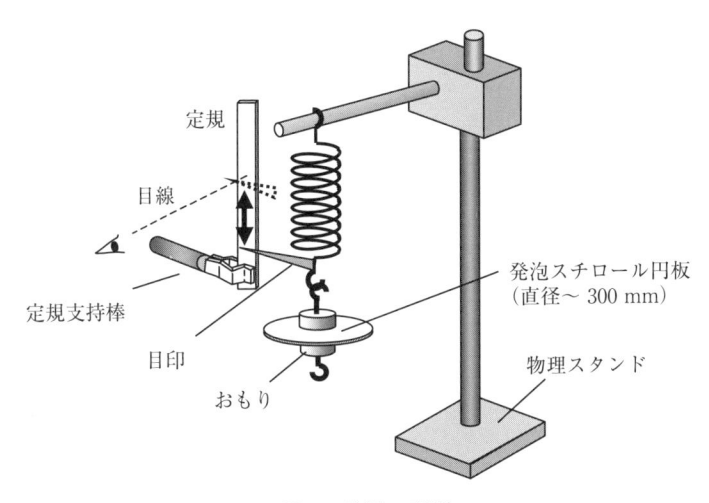

図2 装置の配置

⑤ 一方，周期測定係はおもりを離すと同時にストップウォッチを動作させ（右ボタン），目印が最高点に達する度にラップタイムを計測し（左ボタン），右ボタンで測定終了する．終了後，Recall ボタンを押し，右ボタンを押すと順次ラップタイムが表示される．

⑥ 数回実験を行い，振幅の読み取りエラーの少ない測定データを採用する．

⑦ 比較のために発泡スチロール板を外して，空気抵抗が無視できる場合の振幅変化を上と同様に計測する．

3. 結果と解析

ばねの単振動

① 荷重に対するばねの伸びを図にまとめ，得られた直線の傾きよりばね定数を求める．

② 直列および並列結合したばねのばね定数を求め，個々のばね定数との関係を調べる．

③ 振動の周期の2乗（T^2）と荷重の関係を図示し，その傾きよりばね定数を求め，解析より求めたばね定数を比較検討する．

ばねの減衰振動

① 測定結果を表1のようにまとめる．

② 減衰振動の場合も，最高点に達するまでの時間の間隔（周期）は一定になることを確認し，その周期 T を求める（平均値でよい）．

③ 表1を，図3のように図示する．

④ 振幅の減少が指数関数的であることを表現する方法を考え，図示しなさい．

⑤ 円板をつけない（空気抵抗が無視できる）場合の振幅の変化を図3に記入し違いを確認しなさい．

表1 上下振動の最高点と時刻を表す表

回数	時間〔s〕	周期〔s〕	振幅〔mm〕
0	0	—	300
1	1.07	1.07	245
2	2.24	1.17	200
…	…	…	…
…	…	…	…
13	15.31	1.10	45
14	16.50	1.19	40

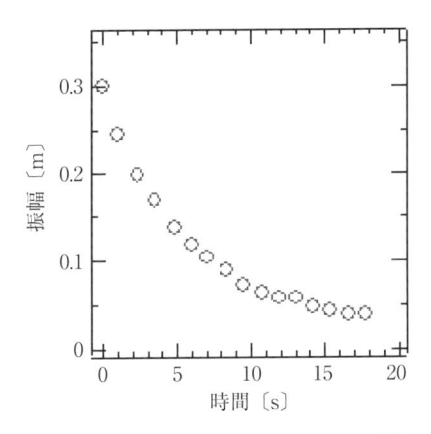

図3 上下振動の振幅と時間との関係

7 振り子の等時性

目的
振り子の振れ角が小さいときに、「振り子の等時性」が成り立つことを実験で確かめる。さらに振り子の振動周期を解析し、重力加速度 g を求める。

1. 原　理

図1のように、長さ l の糸の先端に、質量 m のおもりをつけた振り子の運動を考える。おもりが受ける力は糸の張力 S と重力 mg であるが、張力は常に軌道の接線方向に直角に働くから、おもりを運動の向きに加速させる働きはしない。したがって軌道の接線方向に働く力は重力の接線成分のみである。おもりが振り子の最下点 O から角度 θ 〔rad〕の位置にあるとすると、振り子の軌

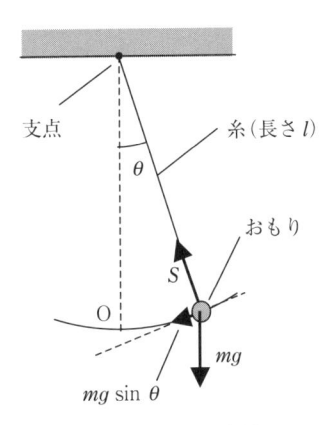

図1 振り子の振動

道に沿った距離は $s=l\theta$ で表されるから，おもりの運動方程式は

$$m\frac{d^2s}{dt^2}=-mg\sin\theta \tag{1}$$

より，

$$l\frac{d^2\theta}{dt^2}=-g\sin\theta \tag{2}$$

と変換される．
ここで，振れ角が小さい $(\theta\approx 0)$ とすると，近似的に

$$\frac{d^2\theta}{dt^2}=-\frac{g}{l}\theta \tag{3}$$

となる．(3)式は単振動の運動方程式であり，振動周期 T は

$$T=2\pi\sqrt{\frac{l}{g}} \tag{4}$$

になる．(4)式から明らかなように，振動の周期は振れ角 θ に依存せずに一定値となる．これを振り子の等時性という．

振れ角 θ が大きい場合には，もとの運動方程式(2)の両辺に $(d\theta/dt)$ を掛けて，

$$\left(\frac{d\theta}{dt}\right)\frac{d^2\theta}{dt^2}=-\frac{g}{l}\sin\theta\cdot\left(\frac{d\theta}{dt}\right) \tag{2}'$$

これを時間について積分し，整理すると

$$\left(\frac{d\theta}{dt}\right)^2=2\omega^2(\cos\theta-\cos\theta_0) \tag{5}$$

となる．ここで，θ_0 は最大振れ角，$\omega=\sqrt{g/l}$ である．これに半角の公式を用いると，

$$\frac{d\theta}{dt}=\pm 2\omega\sqrt{\sin^2(\theta_0/2)-\sin^2(\theta/2)} \tag{6}$$

となる．ここで時間 $t=0$ で，振り子が最下点 $\theta=0$ を通過し，$t=t_0$ で最高点 $\theta=\theta_0$ に達したとすると，

$$t_0=\frac{1}{2\omega}\int_0^{\theta_0}\frac{d\theta}{\sqrt{\sin^2(\theta_0/2)-\sin^2(\theta/2)}} \tag{7}$$

となる．積分計算を省略し結果のみを書くと，周期 $T(=4t_0)$ は次のようになる．

$$T = \frac{2\pi}{\omega}\left\{1 + \frac{1}{4}\sin^2\left(\frac{\theta_0}{2}\right) + \cdots\right\} \quad (8)$$

従って，周期は最大振れ角 θ_0 に依存する．

振れ角が比較的に小さい場合には，$\sin\frac{\theta_0}{2} \approx \frac{\theta_0}{2}$ を仮定して，

$$T = \frac{2\pi}{\omega}\left\{1 + \left(\frac{1}{16}\theta_0^2\right)\right\} \quad (9)$$

を得る．

2. 実　　験

図2のように装置を組み，振子をいろいろな条件で振らせてその振動周期を調べる．

|実験手順|

(1) 周期の振れ角依存

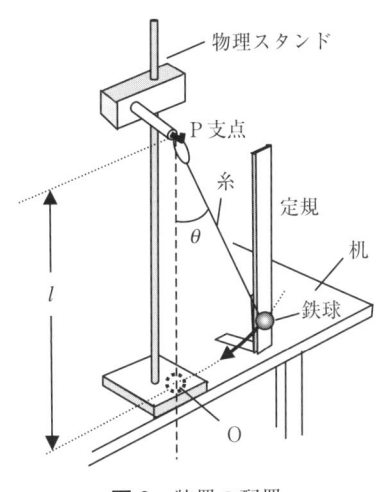

図2　装置の配置

① 振れの周期を大きくするため，振り子の長さlは1.2〜1.5 mと長くする．
② 周期の測定にはストップウォッチを使う．
③ 振れ角を，2°，6°，10°，20°，30°，40°として，振れ角に対し周期を測定する．測定は，振り子が最下点（図2中のO点）を通過するときにストップウォッチをスタート，n往復後にストップする．振れ角の大きいときの周期は1往復の測定を7回行い，最大値と最小値をカットした5回の平均から求める．特に，振れ角の大きいときは振幅の減衰が大きいため，設定振れ角より大きめでスタートする．設定角±1°以内は測定誤差と見なす．たとえば39°〜41°は40°とする．

(2) 振り子の長さと周期

① 振れ角を〜4°の範囲にして糸の長さを変えて周期を測定する．糸の長さは，約0.1 mずつ順次短くし，0.5 mまでとする．振り子の長さは，支点Pからおもりの中心までである．おもりの直径$2r$をあらかじめ測定し，糸の長さにrを加えたものを振り子の長さlとしなさい．
② 周期は10往復を2回測定し，その平均値より1周期を求める．（4）式を参照して，求めた1周期の2乗（T^2）と振り子の長さlの関係を図示する．

3. 結果と解析

(1) 周期の振れ角依存

① 振れ角θに対する周期Tの測定結果を表にまとめ，それをもとに図示し，(9)式による計算値と比較しなさい．
② ①の図より，振子の等時性の成り立つ角度範囲を決定しなさい．

(2) 振り子の長さと周期

① (4)式を2乗し，周期の2乗（T^2）を縦軸に，振り子の長さlを横軸にとり，測定結果を図示しなさい．
② ①図の直線の傾きを求め，重力加速度gの値を導きなさい．

8 円運動と向心力

目 的
物体が円周上を一定の速さで運動するとき，これを「等速円運動」と呼ぶ．このとき，物体に作用する「向心力」を実験で計測する．

1. 原 理

糸で定点に保持された質量 m の物体が滑らかな水平面上を，回転運動をしているとする．物体が円周に沿って一定の速さで運動する等速円運動の場合，向心力 F は，物体の質量 m，速さ v，軌道の半径 r と次の関係がある．

$$F = \frac{mv^2}{r} \quad (1)$$

もし，回転面が水平からわずかに傾くと，傾きに応じて重力の斜面方向の成分が回転運動に影響する．この力は図1にあるように一定方向の力であるか

$$F = S - mg \sin \phi \cdot \cos \theta = m\frac{v_\theta^2}{r}$$

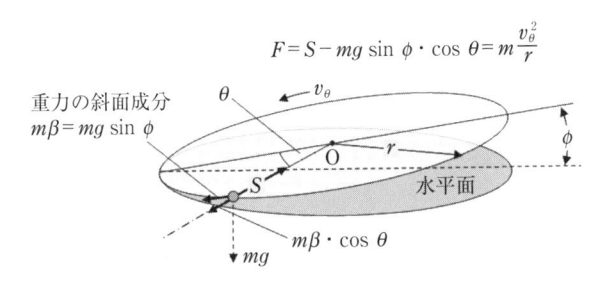

図1 水平面から傾いた面内を回転している物体に働く力（O は支点，ϕ は面の傾斜角，θ は回転角，S は張力）

ら，それまでの等速円運動の向心力に，円運動の傾斜角および回転角に依存する新たな力が加わり，円運動は一定の速さを保てないことになる．重力の斜面成分 $m\beta$ [m/s^2]（$=mg\sin\phi$），速さの接線成分を v_θ とおくと，向心力 F は次式で表される．

$$F = S - m\beta\cos\theta = \frac{mv_\theta^2}{r} \qquad (2)$$

ここで，S は糸の張力，θ は円運動の回転角（ただし，$\theta=0$ [rad] を斜面下方，$\theta=\pi$ を斜面上方とする）である．(2)式より，糸に働く張力 S は傾斜角および回転角 θ に依存し，

$$S = m\left(\frac{v_\theta^2}{r} + \beta\cos\theta\right) \qquad (3)$$

となる．したがって，$\theta=0$ で $+\beta$，$\theta=\pi$ で $-\beta$ が向心力に加わり，それぞれの点での張力は

$$S_{\theta=0} = m\left(\frac{v_0^2}{r} + \beta\right), \quad S_{\theta=\pi} = m\left(\frac{v_\pi^2}{r} - \beta\right) \qquad (4)$$

が成立する．

2. 実　験

図2のように，回転台上に置かれた回転体は，台との間に生ずる静止摩擦力と糸の張力によって回転方向に滑ることはない．それゆえ回転台の角速度 ω が回転体の角速度に等しく，回転体は等速で回転運動をする．この場合，(2)式の重力の影響は，支点（回転の中心）に向かう成分としてのみ現れる．

実験では水平面内で，等速円運動の速さ v と向心力 F の関係を調べ，さらに図3のように回転台を少し傾けたときの回転体の運動から糸に加わる力を評価しなさい．

|実験手順|

本実験では張力 S の測定に歪みゲージを使う．歪みゲージの使用法は，実験4「静止摩擦と動摩擦」に述べてあるのでそれを参照しなさい．

① 歪みゲージを物理スタンドに図のようにセットし，増幅器を接続する．

② 電源をつなぎ，増幅器の発光ダイオードが点灯したことを確認する．

③ テスターのつまみを直流電圧測定の位置まで回し，表示される電圧を確認する．

④ 最初に歪みゲージの負荷に対する出力感度を校正する．歪みゲージにおもりを吊り下げ，おもりの質量とテスターの読みを記録する．おもりの質量を変えて数点測定する．これをもとに，荷重とセンサー出力電圧値の関係を決める．

⑤ 回転体の質量および回転円板の直径を測定する．

⑥ 鉛直に下ろした糸が回転台の中心になるようにピポット滑車の位置を注意深く見極めて決定する．測定に入る前に円板を回転させ，糸が鉛直になっていることを確かめる．

⑦ 回転体の回転半径 r は，静止状態で回転円板の縁から回転体の中心までの距離を測定し，それを円板の半径から差し引いて算出する．このとき回転体と滑車の間で糸がたるまないように少し糸を張るようにして測定する．

⑧ 回転台の回転速度を変えて，回転体に加わる向心力 F および回転周期 T を測定する．歪みゲージの変形による回転半径の変化はないものとする．歪

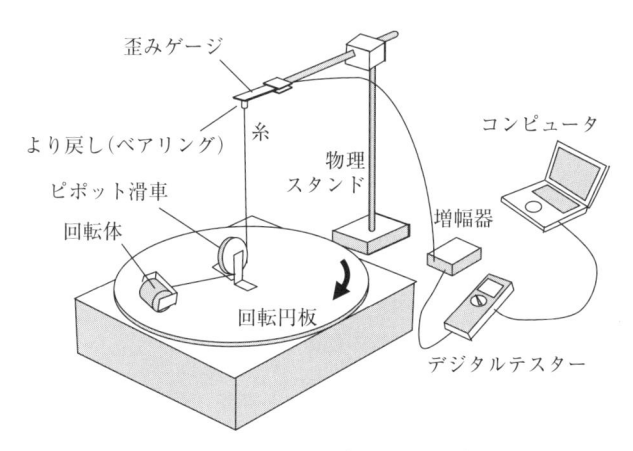

図 2 装置の配置（水平な円板）

みゲージの出力値をテスターで読み取り，力 S に換算する．回転周期 T は，回転台の端に小紙片をつけ，速度計を用いて測定する．その際，複数回測定を行い，その平均値を用いる．

⑨ 回転体の回転半径 r が一定で速度を変化させるとき，および速度が一定で回転半径を変化させるときの2つの場合に関して，各々5点程度測定を行う．そのとき，測定は30秒程行い，1回の測定データをPCに転送し，横軸が時間，縦軸が張力の図を得る．この手順を各測定で繰り返す．

⑩ 図3のように，電動回転台の片方の端を〜50 mm持ち上げて約5°ほど傾け，⑧と同様の実験を行う．

3. 結果と解析

① 水平面内の回転運動では向心力 F が v^2 に比例し，回転半径 r に反比例することを実験結果を図示し，確かめなさい．図から値を読み取るとき，平均値，中央値，最大値，最小値のどれを用いたかを，その理由とともに明記しなさい．

② 図3の実験結果を，横軸を経過時間，縦軸を張力として図示しなさい．

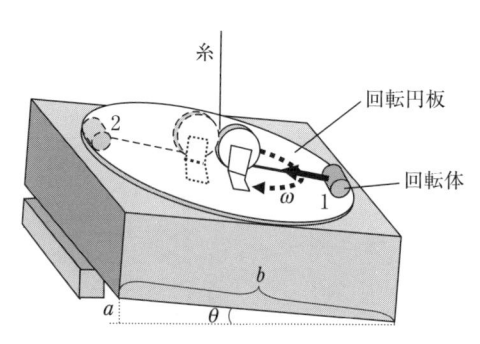

図3 装置の配置（傾いた円板）

9 運動量保存の法則

> **目的**
>
> 質量 m_A, m_B, 速さ v_A, v_B の 2 個の物体が一直線上で衝突し，それぞれ v'_A, v'_B の速さに変化したとすると，それらの間に
>
> $$m_A v_A + m_B v_B = m_A v'_A + m_B v'_B$$
>
> の関係式が成り立つ．これを「運動量保存の法則」と呼ぶ．実験では，2 個のプラスチック球を衝突させて，弾性衝突と非弾性衝突の違いを学ぶ．

1. 原 理

質量が等しい 2 球 A，B（速度 v_A および v_B）が衝突し，それぞれの速度が v'_A および v'_B になったとすると，それらの間には

$$v_A + v_B = v'_A + v'_B \qquad (1)$$

という関係が成り立つ．また両者の衝突前後の"相対的な速さ"の変化から，反発係数 e は

$$-e = \frac{v'_A - v'_B}{v_A - v_B} \qquad (2)$$

と表される．特に，球 B が静止していてそれに球 A が速さ v_A で衝突し，それぞれの球の速さが v'_A, v'_B になったとすると，(1)，(2)式より

$$v'_B = \frac{1}{2}(1+e) v_A \qquad (3)$$

の関係が成り立つ．

例として，同じ長さ l の糸で吊るした質量の等しい 2 個の振り子が，垂直に垂らされており，2 球が押し合うことなく接しているとする．2 球を左右に引

き離し，それぞれを同じ振れ角 φ_0 から静かに放すと，2つの球は同じ大きさで逆向きの速さ $|v_0|$ で衝突する．衝突後の速さを v_A', v_B' とすると，（1），（2）式より

$$v_A' = -ev_0, \quad v_B' = ev_0$$

が得られる．

　すなわち，1回の衝突によって2つの球 A，B の速さは，それぞれ初めの状態と逆向きで e 倍の速さになる．したがって n 回衝突を繰り返したあとの球の速さ v_n' は

$$v_n' = e^n |v_0| \tag{4}$$

である．n 回の衝突後，球が最下点の位置から振り上がる最大の高さ h_n は，力学的エネルギー保存の法則より

$$\frac{1}{2}m(e^n v_0)^2 = mgh_n$$

すなわち

$$h_n = \frac{e^{2n}}{2g}v_0^2 = e^{2n}h_0 \quad \left(\because h_0 = \frac{v_0^2}{2g}\right) \tag{5}$$

と求められる．ここで，h_0 は球の初めの振り出し角 φ_0 における最下点からの高さである．球の振れ角 φ と高さ h の間には，

$$l(1-\cos\varphi) = h \tag{6}$$

の関係がある．振れ角 φ が小さいとき（$\lesssim 20° \fallingdotseq 0.35$〔rad〕）は

$$\cos\varphi \fallingdotseq 1 - \frac{1}{2}\varphi^2$$

と近似できるから，（5），（6）式より

$$\varphi_n = e^n \varphi_0 \tag{7}$$

を得る．

　これより，φ_n と φ_0 からプラスチック球の反発係数 e を決定することができる．

9 運動量保存の法則 75

2. 実　　験

(1) プラスチック球の反発係数の測定

2個のプラスチック球A, Bを図1(a)のように配置する．振り子の長さl

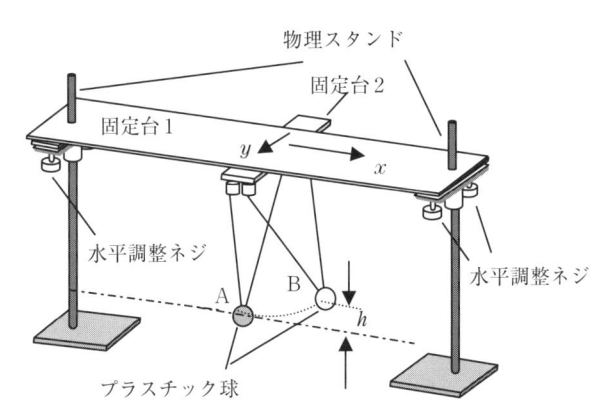

(a) 固定台1の水平調整
(左右の物理スタンドに取り付けた水平調節ネジで，固定台1を水平にする)

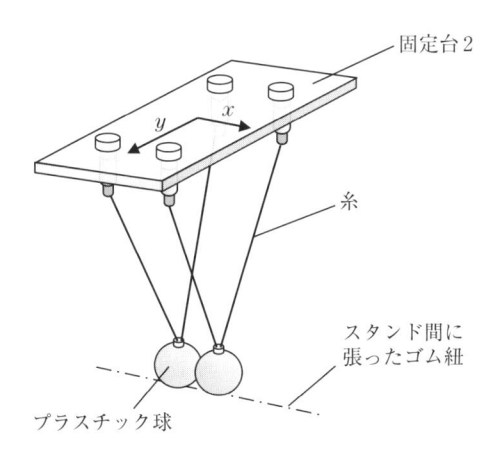

(b) 2球の位置調整
(注：2つの物理スタンド間に張ったゴム紐に平行になるように左右に糸の長さを揃える)

図1 装置の配置

（図2(a)参照）は約1mとする．それぞれの球に結ばれた左右の糸の長さを，物理スタンド間に張ったゴム紐を用いて左右対称になるようにチャックで正確に調整して，2つの球が真正面で衝突するように配置する．

図2(b)に示すように，球A，Bを左右に等しい振れ角に持ち上げ同時に離すと，2球は最下点で衝突して跳ね返り，再び衝突を繰り返す．

|実験手順|

① 初期振れ角 φ_0 ($x_0 \sim 0.20$ m) を設定し，両球を同時に静かに振り出す．

② 1つの球の偶数回ごとの衝突による水平移動距離 x_{2n} を測定し，$l \sin \varphi_n = x_n$ の関係より，$2n$ に対する振れ角 φ_{2n} の関係をまとめる．角度は〔rad〕単位を用いる．

③ この実験は動いている球の位置を計測するため読み取りミスが多くなる．目盛付きの半透明の合成樹脂板（下敷き）を通して球を観測し，最大跳ね上がりの位置を水性ペンで板上に印す．測定終了後に印された座標を読み取る．同様の測定を3～5回行い，平均値から水平移動距離 $\bar{x}_{2n}$ を求める．

(a)

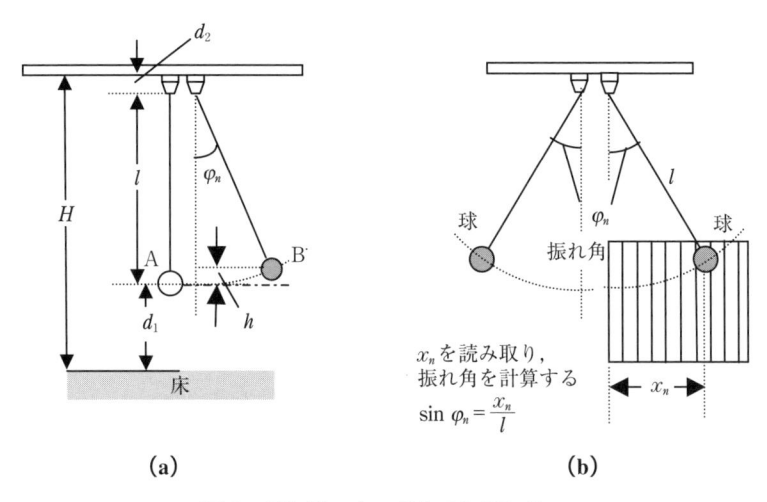

(b)

x_n を読み取り，振れ角を計算する
$\sin \varphi_n = \dfrac{x_n}{l}$

図2 振り子の糸の長さ l と振れ角 φ_n
（装置の配置を真横から見た図）

(2) スーパーボールの跳躍
実験手順
(a) スーパーボールの反発係数
スーパーボールを図3(a)のように高さ1mから静かに落し，床面との衝突回数とそれぞれの衝突後にボールが跳ね返った最高の高さを順次，測定する．実験を数回繰り返しそれぞれの平均をとる．
(b) 2個のスーパーボールの衝突
大小2つのスーパーボールを，大きいボールを下側にその上に小さいボールを載せるようにして床面からある高さに配置する．鉛直方向に2つのボールを同時に静かに落下させる．押し合わない程度に接触しながら落下した2つのボールのうち，下側が床面に衝突し跳ね返り，追従してきた上側のボールと瞬時に衝突する．このボール同士の衝突によって小さいボールは跳ね返され上空に飛び出し，一定の高さに達する．

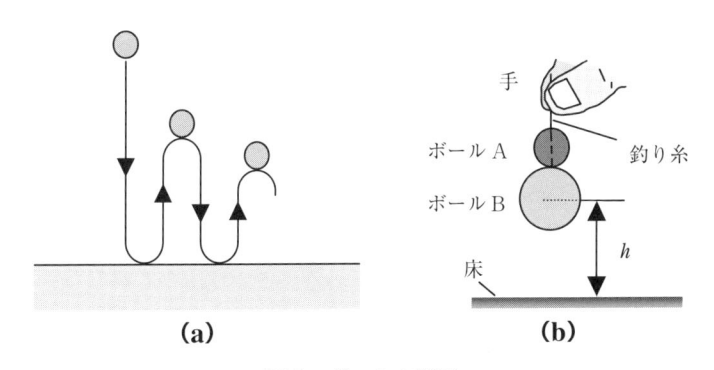

図3 ボールの配置

① 大小2つのスーパーボールがあり，小さいボール（ボールA）には，細いステンレスの管が中心を通るように埋め込まれており，大きいボール（ボールB）には100mm程度の釣糸が固定されている．

② ボールBの釣糸をボールAの管に通して抜き出し，図3(b)のようにある高さで保持し揺れが小さくなったとき，静かに手を離す．2個のボールは揃

って落下し，ボール B が床面に衝突し跳ね返り，ボール A と瞬時に衝突する．跳ね返ったボール A の高さを測定しなさい．衝突が鉛直線上でない場合，ボール A は予想しない方向に飛び出すことがある．顔を近づけたりしないこと．最初は 300 mm 程度の低い高さから落下させ，様子が分かったら落下距離を 1 m 程度にして実験をしなさい．最も高く上がった距離を以下の考察に用いなさい．

③ 2 つのボールの質量を記録する．

3. 結果と解析

(1) プラスチック球の反発係数

① 2 球は衝突を繰り返しながら次第に振れ角を小さくしていく．初めの振れ角を φ_0 とし，n 回目の衝突によって得た振れ角を φ_n とする．(7) 式を対数に変換すると

$$\log \varphi_n = n \log e + \log \varphi_0 \tag{8}$$

である．ただし実験では偶数回目の値を測定したので縦軸を $\log \varphi_{2n}$，横軸を偶数の衝突回数 $2n$ に取った図を描き，得られる直線の傾きより $\log e$ を求め，反発係数 e を算出する．

② 初めに球 B を右方向に水平距離約 20 cm 程度引き，静止している球 A に衝突させる．その後，〜20 回ぐらい衝突を続けると，やがて衝突しながら 2 球が同位相で左右に振動するのが観察される．この理由を考察しなさい．

(2) スーパーボールの跳躍

① 実験 (a) において，n 回目の床面との衝突後のボールの速度は $v_n = -e^n v_0$ で，最も上昇する高さは

$$h_n = v_n^2 / 2g = e^{2n} h_0$$

である．最初の高さ h_0 と n 回目の最も上昇する高さ h_n との比は

$$h_n / h_0 = e^{2n} \tag{9}$$

である．(9)式の対数をとると，$\log(h_n/h_0)=2n\log e$ となる．測定結果をグラフにまとめ，直線の傾きから床面に対するスーパーボールの跳ね返り係数 e を決定する．

② 実験(b)において床面で跳ね返ったボールBが追従してきたボールAと衝突する直前の球Bの速さを導きなさい．ただし，ボールを質点と見なし，ボールBが床面に衝突する直前の，ボールA，Bの速さは同じであるとする．

③ 鉛直線上でボールBが床面に衝突し跳ね返った直後にボールAと衝突したとし，衝突後のボールAの速さ v'_A を，実験（2）で求めた跳ね返り係数 e を用いて計算しなさい．ボール同士の衝突における反発係数は床面のときの値を用いる．

④ ボールAが上昇する高さを，v'_A を使って計算し，実験結果と比較しなさい．

10 質点系の重心

目 的

数個の質点からなる質点系について,その「重心」を実験より求め,計算より求めた結果と比較する.さらに,"やじろべえ"の安定性を実験し,支点と重心とがどのような関係にあるかを考察する.

1. 原　理

　重心とは多くの質点からなる質点系全体の質量の中心をいう.系全体としての運動は系の全質量がその中心に集中したかのように運動する.個々の質点が重力場にある場合,質量中心は重心と呼ばれる.

　いま,任意の1点を原点とする座標の下で,n 個の質点で構成された質点系の重心は,i 番目の質点の座標と質量を $\bm{r}_i$, m_i とするとき,

$$\bm{r}_\mathrm{G} = \frac{\sum m_i \bm{r}_i}{M}$$

と表される.ここで M は系全体の質量を表し,$M = \sum m_i$ である.重心座標をそれぞれの質点の x, y, z 座標軸の成分で表すと,

$$x_\mathrm{G} = \frac{\sum m_i x_i}{\sum m_i}, \quad y_\mathrm{G} = \frac{\sum m_i y_i}{\sum m_i}, \quad z_\mathrm{G} = \frac{\sum m_i z_i}{\sum m_i} \tag{1}$$

となる.

2. 実　験

(1) 重心の測定

1辺200 mmの正方形のアクリル板がある．この板には，20 mm方眼の線を刻み，それぞれの交点に小さな穴があけてある．小さな突起の着いた質量 m のおもりをこの穴に差し込み，図1のように質点系を作る．この質点系全体の重心位置を実験で探し当て，計算で求めた重心位置と一致することを確かめる．

実験手順

① 個々のおもりの質量を電子天秤で0.1 gの精度で測定する．
② アクリル板の質量を同様に測定する．
③ 図1のように任意の穴におもりを差し込み，板に刻まれた罫線を利用して，それぞれのおもりの位置座標と質量を記録する．
④ 指先あるいは消しゴムの付いた鉛筆のゴム側をアクリル板の下から当てて重心を探す．
⑤ 重心の位置を記録する．
⑥ おもりの配置を変え，同様の実験を行う．

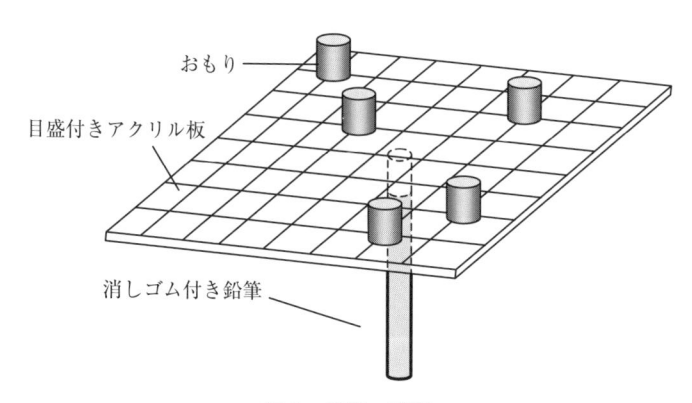

図1　装置の配置

(2) 重心の位置と安定性

　木球と竹ひごを組み合わせて，図2のような「やじろべえ」を作る．左右の木球の位置および，「やじろべえ」の中心棒となる竹ひごの位置を変えながら，「やじろべえ」の重心と安定性の関係を調べる．

実験手順

　① 先の実験で用いたアクリル板あるいは方眼紙の上に"やじろべえ"を図2のように倒して載せ，木球の座標を読み，重心の位置を決定する．左右の木球の位置は左右対称となるようにする．木球の質量は表示されている値を使う．

　② 中心棒の先端（支点となる部分）を計算で求めた重心より原点に近い位置に合わせる．この状態で，図3のように支点を指先に載せ，"やじろべえ"の釣り合いの様子を観察しなさい．

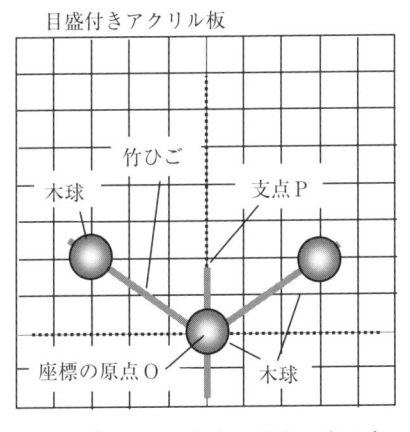

図2 「やじろべえ」の重心の求め方

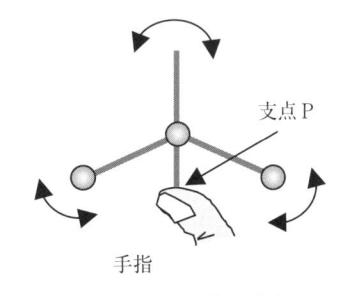

図3 「やじろべえ」の釣り合い

　③ 中心棒の先端（支点）を，中央の木球側に5mmほど寄せ（または離して）同様の観察をする．このとき，左右の球どちらかを軽くはじき，「やじろべえ」の安定性を確かめる．

　④ 重心と支点との距離が近い場合と遠い場合での安定性を比較し，その理由を考察しなさい．

(3) 積み重ねた板材のせり出し

用意されてある木板5〜6枚を，机の端に積み重ね，上から順にずらすとき，一番上の板が机の端からどれだけせり出せるだろうか．

実験手順

図4のように上からn番目の板が，すぐ下の$(n+1)$番目の板よりd_nだけ前にせり出て安定しているとする．このときn番目の板の上にある$(n-1)$枚の板全体が，やっと安定しているとすると，$(n-1)$枚全体の板の重心はn番目の板の左端を脚とする垂線上にある．$(n+1)$番目の板の左端を軸として，n番目の板に働く右回りの力のモーメントが$(n-1)$枚の板全体に働く左回りの力のモーメントと等しいか前者が大きいときにn番目の板は安定である．板の質量をm，長さをaとすると次式が成り立つ．

$$(n-1)mg \cdot d_n \leq mg \cdot \left(\frac{a}{2} - d_n\right)$$

これより

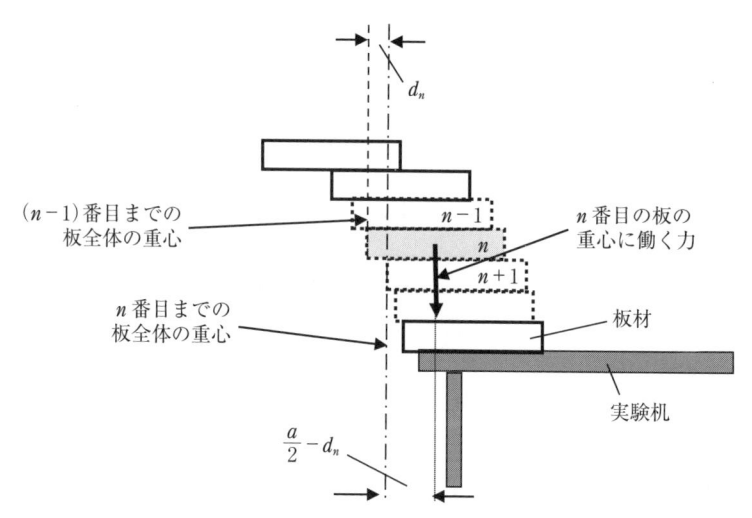

図4 机の端からせり出した板に働く力

$$d_n \leq \frac{a}{2n}$$

を得る．これを用いると，n 番目の板がせり出せる最大の距離は，

$$\frac{a}{2}(n=1), \quad \frac{a}{4}(n=2), \quad \frac{a}{6}(n=3), \quad \frac{a}{8}(n=4), \quad \frac{a}{10}(n=5)$$

となる．板全体がせり出せる距離はこれらの和となる．実験で試みるときは板のせり出す長さの計算値よりやや少なめにするとやりやすい．

3. 結果と解析

(1) 重心の測定

① アクリル板の中心を原点として（1）式に従い重心を計算しなさい．
② アクリル板の左下の隅を原点として，重心を計算しなさい．
③ ①，②の計算結果と実験とがどの程度一致したかをまとめなさい．

(2) 重心の位置と安定性

安定な「やじろべえ」を作るには，どのようにするのがよいか．重心と支点の位置関係についてまとめなさい．

(3) 積み重ねた板材はどこまでせり出せるか

① 予想されるせり出しの距離に印をつけて実験を行い，計算値と比較しなさい．
② この方法を実際に応用したと思われる例をあげなさい．
③ せり出した板材の重心と安定性についてまとめなさい．

11 実体振り子の振動

目 的
「実体振り子」の重心から回転軸までの距離を変えながら振動周期を測定し，実体振り子の慣性モーメントと振動周期との関係を考察する．

1. 原　理

物体の運動は，重心の運動と重心を中心とした回転運動で表される．特に，物体の任意の軸周りの回転運動は

$$I\frac{d^2\theta}{dt^2} = N \qquad (1)$$

で示される運動方程式で表現される．ここで θ は軸の周りの回転角，N は力のモーメント，I は慣性モーメントである．この式は質点の運動方程式

$$m\frac{d^2x}{dt^2} = F \qquad (2)$$

と対比すると理解しやすい．すなわち慣性モーメント I は慣性質量 m に相当しており，回転運動を妨げる度合い（回転運動のしにくさ）を示す量であり，力のモーメントは回転運動を引き起こす原因となる量である．右辺が回転の原因，左辺が結果として生じる現象を示していると考えればよい．ただし，慣性モーメントは，質量のように物質固有の値ではなく，同じ物質であっても，物質の形，回転の中心となる軸の位置によって異なる．外形が対称性のよい物体については，重心を通る軸の周りの慣性モーメントはすでに求められている（理科年表など多数の参考書に掲載）．またその軸に平行で，重心から回転の中心軸までの距離 h が分かっている場合には，平行軸の定理（3）式で任意の点

を通る軸の周りの慣性モーメントを見積もることができる．
$$I = I_G + Mh^2 \tag{3}$$
ここで I_G は重心の周りの慣性モーメント，h は重心から回転軸までの距離，M は物体の質量を表す．

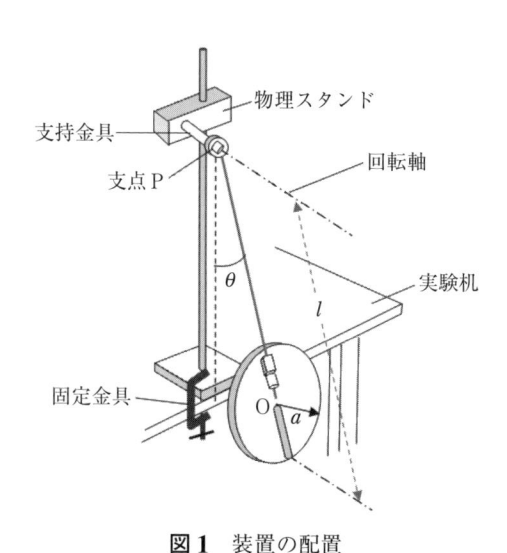

図1 装置の配置

図1に示すように，半径 a の円板が，板に垂直な軸 P の周りで微小振動する実体振り子を考える．円板の重心 O と回転軸 P までの距離を h，O 点で板に垂直な軸の周りの慣性モーメントを I_G，P 点で円板に垂直な軸の周りの慣性モーメントを I，円板の質量を M とすると，P 点を通る軸の周りでの円板の振動に関する方程式は振れ角が小さい（$\theta \approx 0$）とき，次式で与えられる．
$$I \frac{d^2\theta}{dt^2} = -Mgh\,\theta \tag{4}$$
ここで θ は OP と垂線のなす角である．

これより，円板の振動周期は

$$T = 2\pi\sqrt{\frac{I}{Mgh}} \tag{5}$$

と導かれる．ここで慣性モーメントに関する平行軸の定理（3）式を用いると，

$$T = 2\pi\sqrt{\frac{1}{Mg}\left(\frac{I_G}{h} + Mh\right)} \tag{6}$$

を得る．円板に垂直で重心 O の周りの慣性モーメントは

$$I_G = \frac{M}{2}a^2 \tag{7}$$

で与えられるから，これを代入すると，次式を得る．

$$T = 2\pi\sqrt{\frac{1}{g}\left(\frac{a^2}{2h} + h\right)} \tag{8}$$

2. 実　　験

実験では実体振り子の微小振動を解析して，慣性モーメントの意味を理解する．

実験手順

① 円板の質量を計測しなさい．

② 図1のように，実体振り子を組み立てる．回転軸を円板の内側にするときは，図2(a)のように止め具を用いて円板を固定する．円板の中心から回転軸までの距離 h は，円板の直径を計測し，算出した半径 a から，円板の外周から回転軸までの距離 l を差し引いて求める．円板の直径は異なった場所5箇所で測定し平均値を使う．

③ 円板の中心から回転軸までの距離を変えて振動周期を測定する．できれば5周期分の経過時間を測定し，それから平均周期を計算する．これを各回転軸について5回繰り返す．振れ幅の大きい場合は減衰が大きいから，1周期でもよいから同じ振れ幅で繰り返し行って精度を増すこと．

④ 回転軸を円板の外側にするときは，図2(b)に示すように円板に専用の支持棒をつけ，円板の中心から回転軸までの距離 h を円板の数倍まで伸ばし

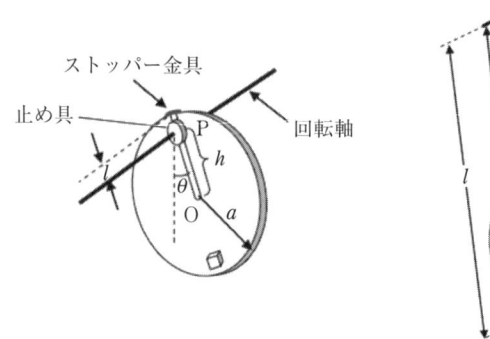

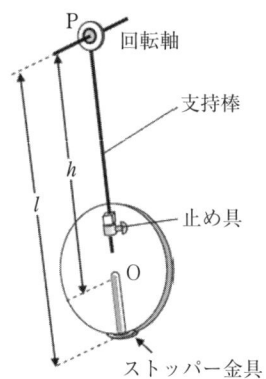

(a) 回転軸が円板の中にある場合 **(b)** 回転軸が円板の外にある場合

図2 実体振り子

て振動周期 T を測定する．この場合の距離 h は，図2(b)に示すように回転軸から円板の最も離れた縁までの距離 l から，円板の半径 a を差し引く方法で求める．

3. 結果と解析

① 距離 h に対する周期 T の測定結果を表1のようにまとめる．

表1 距離 h に対する周期 T, $\left(\dfrac{T^2 g}{4\pi^2}\right)$, f_1, f_2 の値

距離 h 〔m〕	測定値		計算値	
	周期 T 〔s〕	$\dfrac{T^2 g}{4\pi^2}$	$f_1 = \dfrac{a^2}{2h}$	$f_2 = h$

② （8）式を変形すると次式が導かれる．
$$\frac{T^2 g}{4\pi^2} = \frac{a^2}{2h} + h \tag{9}$$
このことを考慮し，各々のhについて$\left(\frac{T^2 g}{4\pi^2}\right)$, $\left(\frac{a^2}{2h}\right)$を計算し表1に記入する．

③ 表1をもとに縦軸を$\frac{T^2 g}{4\pi^2}$，横軸をhとして図示しなさい．

④ （9）式の右辺の第1項をf_1，第2項をf_2とすると，表1の計算値$a^2/2h$はf_1に対応する．このことを考慮し図3中にf_1, f_2の計算結果を破線で書き込みなさい．

⑤ （9）式の両辺を2乗して，両辺を距離hについて微分し
$$\frac{dT}{dh} = \frac{2\pi^2}{Tg}\left(-\frac{a^2}{2h^2} + 1\right) \tag{10}$$
を得る．上式で$dT/dh = 0$が成り立つとき，振動周期は極値を示すことを図3を解析し確認しなさい．

⑥ 実体振り子（質点系）と単振り子（実験7「振り子の等時性」参照）を比較し違いを検討しなさい．

12 角運動量保存の法則

目 的

物体に作用する外力の総和がゼロであるとき,物体の運動量は保存される.一方,回転系においては,物体に作用する外力の力のモーメントの総和がゼロであるときは,物体の回転の角運動量は保存される.これを,「角運動量保存の法則」という.

1. 原　理

質点についてある点の周りの角運動量 L は

$$L = r \times p \tag{1}$$

で定義される.ここで r は位置,p は運動量である.質点系においては,ある点の周りの全角運動量は次式で表される.

$$L = \sum L_i = L_1 + L_2 + L_3 + L_4 + \cdots\cdots + L_n \tag{2}$$

固定軸の周りの剛体の回転を考え,剛体中の任意の1点 i の回転軸からの距離を r_i,質量を m_i,回転の角速度を ω とすると,i 番目の質点の角運動量の大きさは

$$L_i = m r_i^2 \omega \tag{3}$$

と表される.多くの質点からなる剛体の場合,各質点の ω は一定なので,全角運動量の大きさは

$$L = \omega \sum m_i r_i^2 \tag{4}$$

となる.ここで,右辺の $\sum$ の部分は回転軸が定まれば,その軸からの距離 r_i が決まるので,和が一定になる.これを

$$I=\sum m_i r_i^2 \tag{5}$$

とおき，I を慣性モーメントと呼ぶ．これを用いると全角運動量は

$$L=I\omega \tag{6}$$

と表される．外力の総和がゼロの場合，全角運動量は保存される．

何らかの理由で回転軸が共通のままで慣性モーメントが I から I' に変わると（例，スケーターの回転など），それに応じて角速度が ω から ω' に変化することになる．

$$I\omega = I'\omega' = \text{const}$$

2. 実　験

初めに角運動量を体験によって理解する．この場合は，細かい数値データを得るのではなく，経験を通して力がどのように変化したかを理解する．さらに地球ごまを使って角運動量の性質を理解する．

実験手順

(1) 体験実験

① 図1のように，学生が回転椅子に座って，両手を広げて回っている．このとき，学生が急に手を身近に引き寄せると，回転の速さはどうなるか．再び両手を広げたらどうか．また，両手におもりなどの質量の大きいものを持って同じ動作をすると結果はどうなるか．実験を繰り返し，結果をまとめなさい．

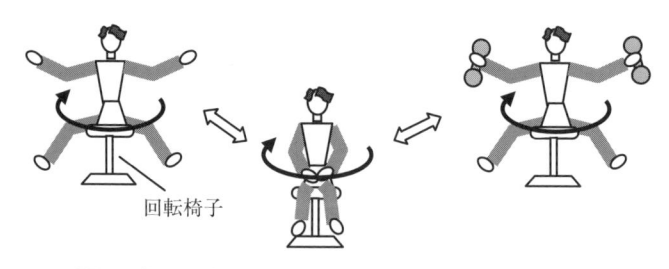

図1　椅子に座った姿勢による椅子の回転速度の変化

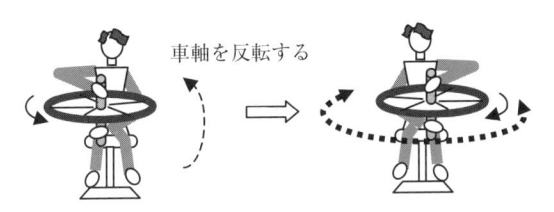

図2 回っている車輪の車軸反転
（椅子に座っている人はどうなるか）

② 図2のように学生が自転車の車輪を，車軸を垂直に持って回転椅子に座る．他の学生にこの車輪を回してもらうとどうなるか．次に，回転椅子上の学生がこの回っている車輪の軸の向きを上下に 180° 変えると，椅子に座った学生はどのような力を感じるか．

(2) 地球ごまの運動

図3のような「地球ごま」を使った器具がある．この運動も角運動量と密接な関係がある．次の実験から角運動量を理解する．

地球ごまの重心を図3のように支持棒で支えた装置を使って，地球ごまの歳差運動を解析する．図3では歳差運動はこまの回転軸上，重心から距離 r の位置に加えた荷重 mg〔N〕によって生ずる．

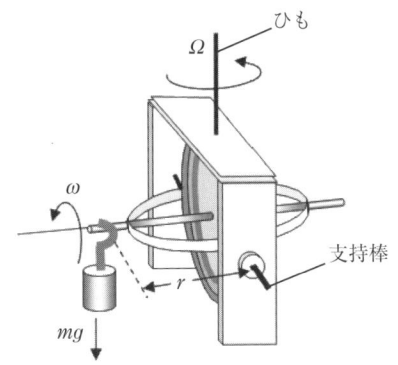

図3 地球ごまの歳差運動
水平にした地球ごまの回転軸におもりをつけた場合

3. 結果と解析

(1) 体験実験

① 図1のように，回転椅子に乗って両手を広げたりすぼめたりする．

この実験の系は「学生＋回転椅子」である．初めの状態（これを状態1とする）で，慣性モーメントは，

$$I_S = 両手を広げたときの学生の慣性モーメント$$
$$I_C = 椅子の慣性モーメント$$

手をすぼめた状態（状態2）では，

$$I'_S = 手を戻したときの学生の慣性モーメント$$
$$I'_C = 椅子の慣性モーメント\ (I'_C = I_C)$$

である．系の角運動量が保存されることから I_S と I'_S の大小関係と状態1および2における角速度 ω と ω' の大小関係を考察しなさい．

② 図2のように，学生が回転椅子に座って回転している自転車の車輪を保持する場合，対象となる系は「学生＋回転椅子＋車輪」である．各成分の角運動量は，

$$L_S = 学生の角運動量,\quad L_C = 椅子の角運動量,\quad L_W = 車輪の角運動量$$

である．この状態3では車輪のみが回転しているから，系の全角運動量は

$$L_{T,0} = L_{W,0} \tag{7}$$

である．ここで $L_{W,0}$ は車輪の時計回りのときの車軸の向きとする．

次いで，車軸の向きを180°回転させた状態4では

$$L_{T,180} = L_S + L_C + L_{W,180}$$

となる．状態3から状態4へ移る過程では，上の系には外力が働いていないから，その全角運動量は保存されており

$$L_{W,0} = L_S + L_C + L_{W,180} \tag{8}$$

である．ところが，車輪の向きが逆転しているので，$L_{W,0} = -L_{W,180}$ である．それゆえ

$$L_S + L_C = 2L_{W,0} = 2L_T \qquad (9)$$

が成り立つ．学生と回転椅子を一体と考えると，車軸を逆向きにすることによって，回転椅子上の学生は回転を始めることになる．実際に体験してみなさい．

③ このとき，車軸の向きを変えるために学生が車輪に加えた力は，系の角運動量に影響を与えないのはなぜか，考察しなさい．

(2) 地球ごまの運動

こまの回転軸方向に角運動量ベクトル L がある．そこに，こまの中心から軸に沿って距離 r の位置に，鉛直下向きの力 F を加えると，軸と力 F とが作る平面に直角な方向（水平方向）に力のモーメント N を生じる．

$$N = r \times F$$

この状態が微小時間 Δt の間続くと，水平方向に $N\Delta t = \Delta L$ だけ角運動量に変化が現れ，こまは $L + \Delta L = L'$ へ軸方向を変える．このときの水平方向への軸の回転速度は加えられた力に比例する．こまの回転数 n を計測のたびごとに整え，加える質量 m と水平面内でこま全体が回転するときの角速度 Ω との関係を調べる．それぞれの角速度 ω，Ω と，加えられた力のモーメント N およびこまの慣性モーメント I の間には次の関係がある．

$$\Omega = \left(\frac{1}{I\omega}\right) \cdot N \quad \text{ただし,} \quad \omega = 2\pi n \qquad (10)$$

① こまの半径 a は 27.5 mm，質量 m は 71×10^{-3} kg である．円板に垂直で，円板の重心を通る軸の周りの慣性モーメントは $I = ma^2/2$ で与えられる．慣性モーメントを計算しなさい．

② 円板の回転数は，こまに貼りつけた反射板からの反射光を光学式簡易回転計で計測し，ほぼ一定の回転速度を作れるように練習しておく．回転計の測定単位は1分間あたりの回転数である．測定値から1秒間あたりの回転数 n〔rps〕を計算し，こまの角速度 ω（$=2\pi n$）を計算しなさい．

③ こまの角運動量 L（$=I\omega$）を計算しなさい．

④ こま全体の水平面内の角速度 $\Omega\left(=\dfrac{2\pi}{T}\right)$ と力のモーメント N〔N·m〕の関係を表にまとめ，それをもとに図を描き，得られる直線の傾きと数値計算の結果を比較しなさい．

13 クーロンの法則

> **目的**
> 電気振り子を用いて，帯電した2つの小球の間に働くクーロン力が，小球の間の距離の2乗に反比例する「クーロンの法則」を確かめ，小球に帯電した電気量を求める．

1. 原　理

2つの点電荷 q_1, q_2 [C] が距離 r [m] だけ離れた位置にあるとき，2つの電荷の間には(1)式で表されるクーロン力 F [N] が働く．

$$F = \frac{1}{4\pi\varepsilon_0} \cdot \frac{q_1 q_2}{r^2} \tag{1}$$

ここで，$\varepsilon_0 = 8.85 \times 10^{-12}$ [C^2/N·m^2] は真空の誘電率である．q_1, q_2 が同符号のときには斥力が，異符号のときには引力が働く．

図1(a)のように2本の支持棒から糸で吊るした2つの小球に正の等しい電荷 q [C] を与えると，両者は反発し，クーロン力 F，糸の張力 S と重力 mg で釣り合う．これを図1(b)のように，振り子の軌道に沿って釣り合いを考えると，張力 S は軌道に直角な方向であるから成分はゼロであり，次式の釣り合いが成り立つ．

$$F \cos\theta = mg \sin\theta \tag{2}$$

さらに，θ が小さいときは，$h \sim l$ と見なせるから近似的に次式が導かれる．

$$\tan\theta = \frac{d}{h} \approx \frac{d}{l} = \frac{r - r_0}{2l} \tag{3}$$

ここで h は支持棒から垂直に下ろした小球までの距離，d は小球から垂線まで

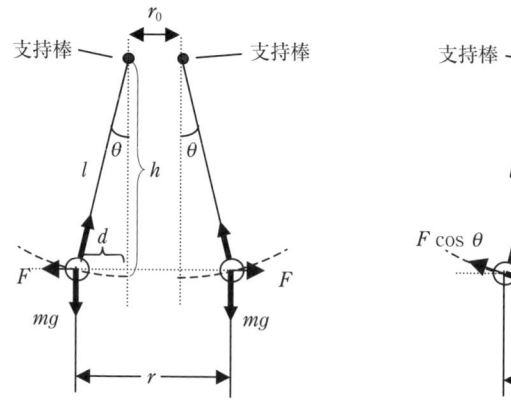

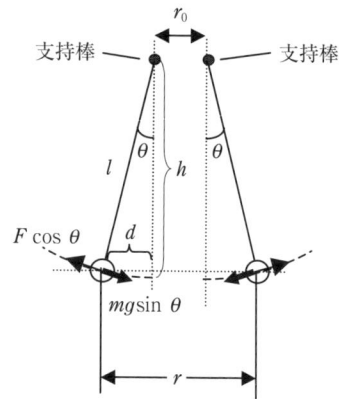

図1(a) 小球に働く静電気力と重力と糸の張力の釣り合い

図1(b) 軌道方向の力の釣り合い

の水平距離，r は2つの小球間の距離，r_0 は点P，Q間（図2参照）の距離である．
したがって，(2)，(3)式より

$$F = \tan\theta \cdot mg = \frac{r - r_0}{2l} \cdot mg \tag{4}$$

が導かれ

$$\frac{1}{4\pi\varepsilon_0} \cdot \frac{q_1 q_2}{r^2} = \frac{mg}{2l}(r - r_0) \tag{5}$$

が成り立つ．これを整理すると次式を得る．

$$\frac{1}{r^2} = \frac{2\pi\varepsilon_0 mg}{lq^2}(r - r_0) \tag{6}$$

2. 実　験

2個の小球を各々2本の糸で吊り下げた，図2のような電気振り子の装置を使う．振り子の支持棒上の点P，Qの間隔が図1(a)，(b)の r_0 に相当する．r_0 は小球を帯電させる前に金属の定規で測定する．帯電した2球間の距離 r の測定は，物理スタンドに固定したノギスにレーザーポインターを取り付け，その

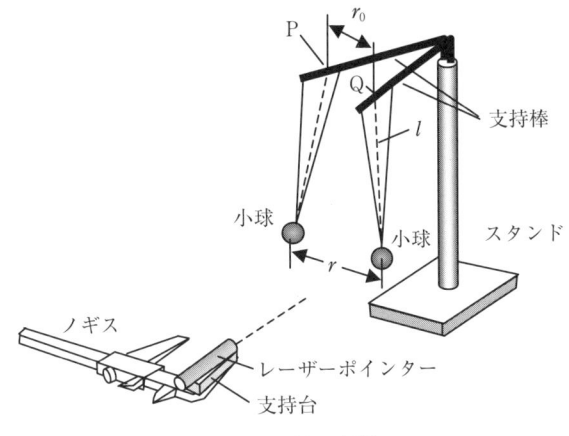

図2 装置の配置

位置を正確に計測する．小球に近づくと衣服の帯電の影響を受けることもある．測定にレーザーポインターを使っている理由をよく考え，実験をすること．

実験手順

① 布で擦って帯電させた合成樹脂板等を，小球に接触させて小球を帯電させる．小球の揺れがおさまるのを待つ．

② P，Q間を適当に離して距離 r_0 を計測する．

③ レーザーポインターとノギスを使って，小球間の距離 r を 0.1 [mm] の精度で測定する．実験中に電荷が空気中に放電するので，測定を手ぎわよくする必要がある．特に湿度の高い環境ではその効果が大きい．あらかじめ放電の状況を確かめておくこと．

④ r_0 を変化させながら測定を繰り返し，10点程度測定する．

⑤ 測定が終わったら，クーロンメーターで左右それぞれの小球に帯電した電気量 q を測定する．

⑥ 小球の質量 m，振り子の糸の長さ l を測定する．

3. 結果と解析

① $r-r_0$〔mm〕に対する $1/r^2$〔mm^{-2}〕の結果を表にまとめそれをもとに作図し，得られた直線の傾きが(6)式の右辺の係数項であることを用いて，小球に帯電させた電気量 q〔C〕を求めなさい．

② ①で求めた電気量とクーロンメーターで直接測定した電気量を比較しなさい．

14 コンデンサーの放電

目 的

電荷を蓄えるための電気部品をコンデンサーと呼ぶ．この実験では，コンデンサーに蓄えられた電荷の放電過程すなわち「コンデンサーの放電」を調べ，コンデンサーの基本的性質を理解する．

1. 原　理

コンデンサーは誘電体で分離された2つの極板（導体）からできており，この2枚の極板間に電荷を蓄える．ここでは，コンデンサーに蓄えられた電荷の放電現象を実験で観察し，その性質を調べる．

図1に示されるコンデンサー，電気抵抗，スイッチよりなる回路において，初めコンデンサーに電荷 Q が蓄えられているとする．そこで，スイッチ SW を閉じると，コンデンサー C に蓄えられている電荷が放出され，回路に電流が流れる．コンデンサー内の電荷は時間とともに減少して，コンデンサーに蓄えられた電荷がなくなるまで放電を続ける．このとき，電気抵抗 R は放出される電荷の流れを妨げる役割をする．したがって，コンデンサーの放電には，

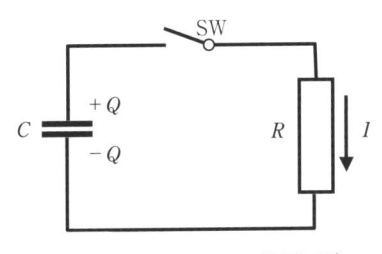

図1　コンデンサーの放電回路

コンデンサーが初めに蓄えていた電気量と，放電の電荷の流れの妨げとなる電気抵抗の大きさ（Ωの単位で表される）が密接に関係する．

図1の回路でスイッチSWを入れると，コンデンサーに蓄えられている電荷 Q〔C〕により，回路には電流 I が流れ，抵抗 R の両端に電位差 V を作る．放電の各瞬間でオーム（Ohm）の法則が成り立つから，

$$V = RI \tag{1}$$

$$V = \frac{Q}{C} \tag{2}$$

$$I = -\frac{dQ}{dt} \tag{3}$$

（1），（2），（3）式より

$$\frac{dQ}{Q} = -\frac{dt}{RC} \tag{4}$$

が導かれ，これを積分することにより

$$\ln Q = -\frac{1}{RC}t + A \tag{5}$$

を得る．$t=0$ のとき $Q=Q_0$ とすれば，$A = \ln Q_0$，すなわち

$$\ln Q - \ln Q_0 = -\frac{1}{RC}t$$

$$\ln \frac{Q}{Q_0} = -\frac{1}{RC}t \tag{6}$$

$$\frac{Q}{Q_0} = e^{-\frac{1}{RC}t} \tag{6'}$$

電気抵抗 R を〔Ω〕，コンデンサー C を〔F〕の単位で表し，積 RC を τ とすれば，τ は時間の次元を持ち，RC 回路の時定数（time constant）と呼ばれる．$t = \tau\ (=RC)$ のとき，（6′）式の右辺は $e^{-1} = 1/e = 0.368$ となる．つまり，積 RC の値（時定数）は，図1の回路において，始めにコンデンサーに蓄えた電気量が放電によってその0.368倍に減少するまでの時間を意味することになる．図2に（6′）式に従った放電の時間経過を示す．また（6）式に $t = \tau\ (=RC)$ を代入すると

$$\ln\left(\frac{Q}{Q_0}\right) = -1$$

が得られる．すなわち，図3の$\ln(Q/Q_0)$-tの図で縦軸の値が（-1）のときの横軸の読みτが時定数になる．

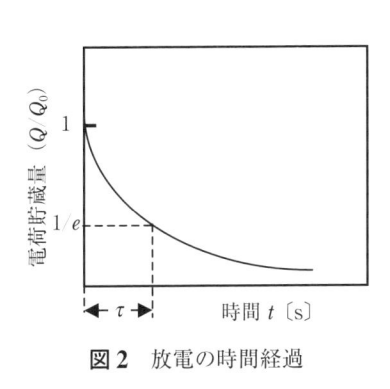

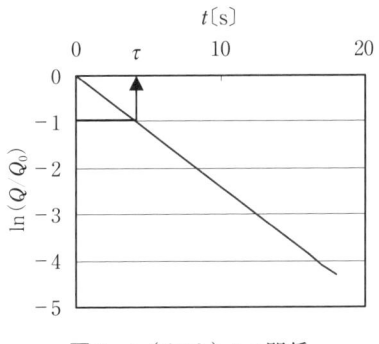

図2 放電の時間経過

図3 $\ln(Q/Q_0)$-tの関係

2. 実　験

コンデンサーに蓄えられた電気量Qとそのときのコンデンサーの両端の電圧Vには，$Q=CV$の関係があるから，

$$\frac{Q}{Q_0} = \frac{V}{V_0}$$

である．ここでQ_0, V_0は初期条件である．実験ではコンデンサーの両端の電圧を計測することにより残存した電気量を求める．

|実験手順|

① 図4に示す回路において，抵抗の値は7，14，21，28，35，42〔kΩ〕，コンデンサーCの値は220，550，690，1020〔μF〕と替えることができる．抵抗RとコンデンサーCの大きさを適当に設定して，合計6個の組み合わせを選択しなさい．

② スイッチをOFFにしておいてから，回路に充電用電池9Vを接続しコンデンサーを十分に充電する．

③ 放電開始直前の電圧をテスターで読み取る．このとき，テスターのレンジは DC10V に固定する．

④ スイッチを ON にし，同時にストップウォッチをスタートさせる．このとき，ストップウォッチはスプリットタイム測定機能を使う．

⑤ テスターの目盛板の一定間隔の刻線を針の先端が通過するときの時間を，スプリットタイムにより計測する．測定は少なくとも 7 点以上行う．

⑥ 各測定の後にストップウォッチのスプリットタイムを呼び起こし，V-t の関係を表にまとめる．

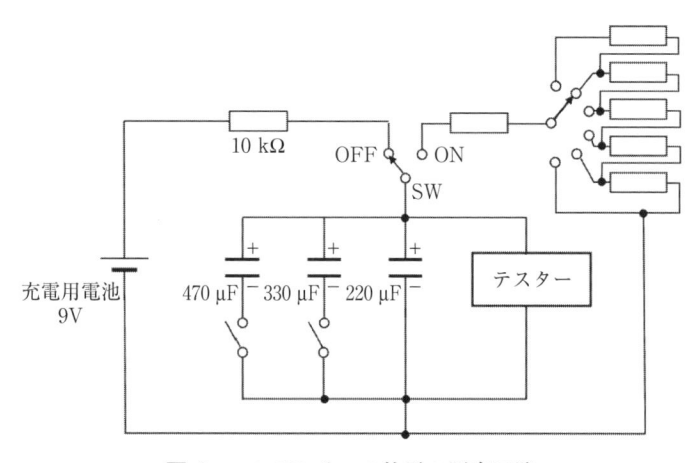

図4 コンデンサーの放電の測定回路

⑦ 手順 1 に戻り，新たな抵抗，コンデンサーの組み合わせについて同様の測定を行う．

3. 結果と解析

① 積 RC が時間の次元となることを次元解析で確かめなさい．

② 得られたデータを片対数グラフおよび $\ln(V/V_0)$-t 図にまとめる．このとき 6 個の組み合わせすべてが 1 枚の図中にまとまるように，時間軸のスケー

ルを選択する．

③　片対数グラフおよび $\ln(V/V_0)$-t 図に得られる直線の傾きを求め，その値が $-(1/RC)$ であることを確認しなさい．

④　図5のコンデンサー充電回路において，コンデンサーに電荷が貯えられていない状態でスイッチをONにしたら，コンデンサーの両端の電圧はどのような時間変化をするか，考察しなさい．

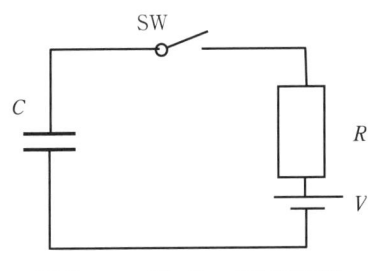

図5　コンデンサーの充電回路

15 オームの法則

目 的

銅やニッケルの細線に加える電圧をいろいろ変えて、細線を流れる電流の大きさを測定して、電流が電圧に比例する「オームの法則」を検証する。その比例係数（電気抵抗）は細線の種類や長さ、太さによって変わることを確かめる。

1. 原 理

長さ l 〔m〕、断面積 S 〔m^2〕の導体の両端に電圧 V 〔V〕を加えると、導体の内部には

$$E = \frac{V}{l} \quad \text{〔V/m〕} \tag{1}$$

の電場が生じ、導体中の自由電子（電荷 $-e$）はこの電場から

$$-e\frac{V}{l} \quad \text{〔N〕}$$

の大きさの力を受け、導体中の陽イオンと衝突を繰り返しながら電場と反対の向きに進む。このときの電子は、空気中を落下する雨滴の場合と同様に、速度に比例した電気的な抵抗力（大きさ kv 〔N〕）を受けると考えられる。この抵抗力と電場から直接受ける力が釣り合うとき、電子の速度は

$$v = \frac{eV}{kl} \tag{2}$$

の一定値（終端速度）となる（実験5「落下運動と空気抵抗」を参照）。導体中に 1 m^3 あたり n 個の自由電子があると、1 秒間に導体の断面積を通過する

自由電子の数は nvS 〔1/s〕となる．それゆえ，電流の大きさ I 〔A〕は

$$I = envS \tag{3}$$

と表される．（3）式に（2）式を代入すると

$$I = \left(\frac{e^2 nS}{kl}\right) V \tag{4}$$

となる．（4）式の右辺の定数項をまとめて $(e^2 nS/kl) = 1/R$ とおくと，

$$I = \frac{V}{R} \tag{5}$$

と表される．これをオームの法則といい，R を電気抵抗と呼ぶ．電流の向きは電子の流れと逆向きで定義される．（5）式より電気抵抗 R は

$$R = \frac{k}{e^2 n} \frac{l}{S} \tag{6}$$

と表すことができる．ここで $\rho = k/e^2 n$ とおくと次式が得られる．

$$R = \rho \frac{l}{S} \tag{7}$$

ここで，ρ は電気抵抗率と呼ばれ〔Ωm〕の単位で表される．また ρ の逆数 $\sigma = 1/\rho$ を電気伝導率と呼ぶ．表1に主な導体の電気抵抗率 ρ とその抵抗温度係数 α を示す．

表1 いろいろな物質の電気抵抗率〔20℃〕

物　質	電気抵抗率 ρ 〔Ωm〕	抵抗温度係数 α 〔1/K〕
Ag	1.62×10^{-8}	4.1×10^{-3}
Al	2.75	4.2
Cu	1.72	4.3
Fe	9.8	6.6
Ni	7.24	6.7
Pb	21.0	4.2
W	5.5	5.3
ニクロム（合金）	100	0.1
コンスタンタン（合金）	50	〜0.1

2. 実 験

実験手順

① Ni，Cu 線を導体試料とする．あらかじめ，試料の長さを巻き尺で測定し，線の直径を記録する．
② 図1のように回路配線する．電源には定電圧電源を使用する．
③ 電源電圧を変えながら，その時々の電流を計測する
〈Cu 線の場合〉
　$V=0.1 \sim 0.7$〔V〕まで 0.1〔V〕ずつ
　順次電圧を増し，そのときの電流値を測定する．
〈Ni 線の場合〉
　$V=0.2 \sim 1.4$〔V〕まで 0.2〔V〕ずつ
　順次電圧を増し，そのときの電流値を測定する．

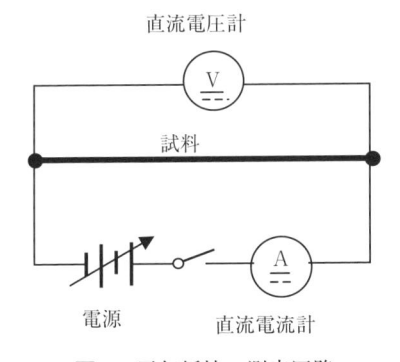

図1 電気抵抗の測定回路

④ 測定結果を電圧に対する電流として，図2のようなグラフにまとめ，両者の比例関係を検証する．
⑤ 室温を計測する（ただし，温度は℃を単位とする）．
⑥ 図のそれぞれの直線の傾きを求め，電気抵抗 R を求めなさい．

⑦ 導線の直径および長さの計測値を使って，計算により電気抵抗率 ρ_{cal} を求めなさい．

⑧ 直径の異なる試料について同様の測定を行い，ρ_t が試料導体に固有な値であることを確かめなさい．

3. 結果と解析

① それぞれの導線について，求められた電気抵抗率 ρ を表1の標準値と比較しなさい．ただし，測定温度が異なる場合は次に示す式を使って，20℃のときの値に換算し比較しなさい．ここで α は表1に示す抵抗温度係数である．

$$\rho_t = \rho_{20}(1 + \alpha \Delta T) \quad (\Delta T = T - T_0)$$

ただし，T_0 は 20℃ である．

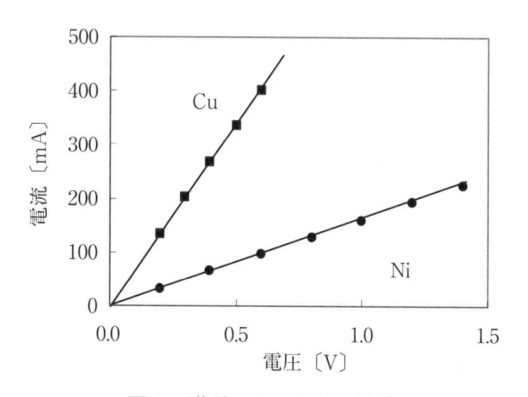

図2 導線の電圧-電流特性

② 電流の大きさ I〔A〕は，導体の単位断面積を t〔s〕間に電気量 Q〔C〕が流れたときに相当する．

$$I = \frac{Q}{t} = \frac{ne}{t}$$

導体に1Aの電流が流れているとすれば，その単位断面積を1秒間に通過する電子の数はいくらか．算出しなさい．

16 キルヒホッフの法則

目 的
電気抵抗や電池を組み合わせた複雑な回路における電圧や電流を求めるとき,「キルヒホッフの法則」を用いる.ここでは,キルヒホッフの第1法則(電流法則)と第2法則(電圧法則)を理解し,その応用としてホイートストンブリッジ法による未知抵抗値の測定を学ぶ.

1. 原 理

抵抗を組み合わせた簡単な回路は,抵抗の直列または並列接続として考えると,単一の回路に帰着でき,オームの法則を使って解析できる.しかし,回路が多数のより複雑な閉回路からなり,単純化がむずかしいとき,キルヒホッフの法則を使うことにより容易に解析できる.ここでは,キルヒホッフの2つの法則について学ぶ.

(1) キルヒホッフの第1法則(電流法則)

「回路中の任意の接合部に流入する電流の代数和はゼロである」

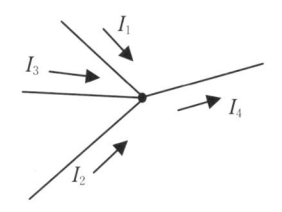

図1 第1法則の回路

この法則は電荷量保存の法則である．ここで，電流は符号を含むものとし，接合部に流れ込むものをプラス（＋），流れ出るものをマイナス（－）とする．図1に示す例では第1法則は次式で表される．

$$I_1+I_2+I_3+I_4=0 \tag{1}$$

ただし，電流の向きを考えると I_4 は負の値となる．

接合部に多数の配線が入っている場合には，次式が成り立つ．

$$\sum I_i = 0 \tag{2}$$

ただし，I_i は i 番目の配線から符号を含めた接合部へ流入する電流である．

（2） キルヒホッフの第2法則（電圧法則）

「任意の閉回路中の起電力の和と電圧降下の和は等しい」

この法則はエネルギー保存の法則である．図2の回路を例にすると

$$V_1 = I_1 R_1 + I_3 R_3 \tag{3}$$
$$V_2 = I_2 R_2 + I_3 R_3 \tag{4}$$

である．一般に，回路網の中に任意に選んだ閉回路について，その中の i 番目の電源の起電力が V_i，j 番目の抵抗が R_j，そこを流れる電流が I_j であるとき，次式が成り立つ．

$$\sum V_i = \sum R_j I_j \tag{5}$$

ただし，± は閉回路を回るとき V_i，I_i が同じ向きならばプラス（＋），反対ならばマイナス（－）とする．

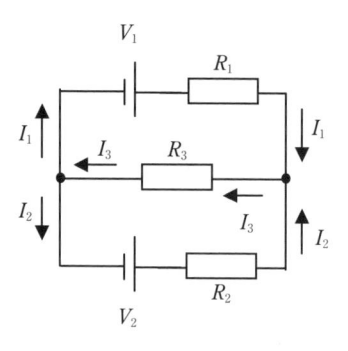

図2 第2法則の回路

図2の例では，第1法則を適用した次式も成立する．
$$I_1+I_2+I_3=0 \tag{6}$$
そこで，(3)，(4)，(6)式を連立させて方程式を解くと I_1, I_2, I_3 が求められる．

$$I_1=\frac{V_1(R_2+R_3)-V_2R_3}{R_1R_2+R_1R_3+R_2R_3} \tag{7}$$

$$I_2=\frac{V_2(R_1+R_3)-V_1R_3}{R_1R_2+R_1R_3+R_2R_3} \tag{8}$$

$$I_3=\frac{V_1R_2+V_2R_1}{R_1R_2+R_1R_3+R_2R_3} \tag{9}$$

2. 実　　験

1)　回路中の抵抗に流れる電流および端子電圧を測定し，キルヒホッフの法則を使った計算値と比較する．

2)　合成抵抗は直列の場合 $R=\sum R_i$，並列の場合 $1/R=\sum(1/R_i)$ により求められることを確かめる．

3)　ホイートストンブリッジ回路の原理を理解し，これにより未知抵抗を測定できることを確かめる．

|実験手順|

①　図3の装置を使って装置中の抵抗を着脱し，図4, 5のような測定回路を作る．

スイッチ S_0 は通常の ON/OFF スイッチである．スイッチ S_1〜S_4 はいつもは ON 状態で，必要に応じて OFF にできるスイッチで，回路の電流測定のときに OFF に操作して使用する．

(注意：電池（単一，1.5 V）は最後に挿入する．S_0 スイッチはあらかじめ OFF にしておき，測定時のみ ON にする)

②　テスターを使って抵抗に流れる電流，および端子間電圧を測定する．電流測定は，S_1〜S_4 の各スイッチの両端にある測定端子にテスターのプローブ（探針）をあてながら，該当するスイッチ S_1〜S_4 を OFF にして行う．テスタ

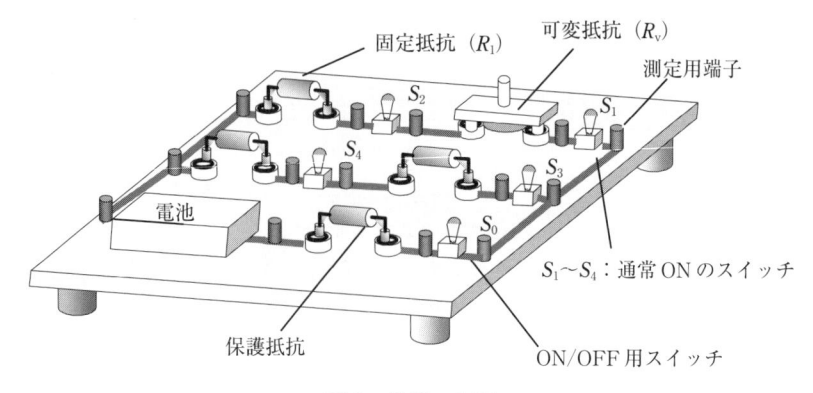

図3 装置の配置

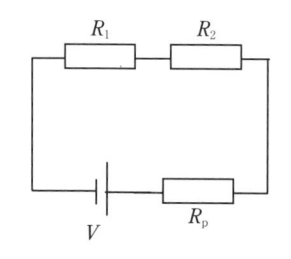

図4 直列抵抗の回路
$(R_1, R_2) = (50\,\Omega,\ 100\,\Omega)$ または
$\qquad\qquad (100\,\Omega,\ 100\,\Omega)$
$R_p = 100\,\Omega$

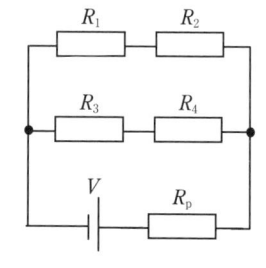

図5 並列抵抗の回路
$(R_1, R_2) = (50\,\Omega,\ 100\,\Omega)$
$(R_3, R_4) = (50\,\Omega,\ 100\,\Omega)$ または
$\qquad\qquad (100\,\Omega,\ 100\,\Omega)$
$R_p = 100\,\Omega$

ーの測定レンジは，大きい方から（〜100 mA）順次下げていくこと．
（注意：電圧測定は，測定端子にテスターのプローブをあてて行う）

③ 次に，図7のようなブリッジ回路を作り，端子 AB 間の電圧がゼロになるように可変抵抗 R_V のつまみを回して調整する．
（注意：テスターを電流レンジに切り替え，端子 AB 間にテスターのプローブをあて，電流値を観察しながら AB 間に電流が流れないように可変抵抗を調整する．その後，抵抗 R_V, R_X の抵抗値をテスターを使って直接測定する．さら

に，各抵抗に流れる電流およびその端子間電圧を測定する．

3. 結果と解析

① 図4〜6の各回路に流れる電流，電圧をキルヒホッフの法則を用いて計算し，測定値と比較しなさい．図中 R_P は保護抵抗を表し，電池の内部抵抗は考えない．

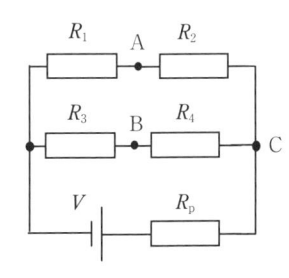

図6 ブリッジ回路
$(R_1, R_3) = (50\ \Omega, 100\ \Omega)$
$(R_2, R_4) = (25\ \Omega, 50\ \Omega)$

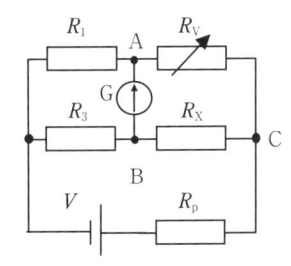

図7 未知抵抗計測用ホイートストン回路
G：検流計
$(R_1, R_3) = (50\ \Omega, 100\ \Omega)$,
$R_V =$ 可変抵抗，$R_X =$ 未知抵抗

② 直列および並列結合の抵抗について，それぞれの合成抵抗がキルヒホッフの法則から $R = \sum R_i$ および $1/R = \sum(1/R_i)$ と求まることを示しなさい．

③ 図7において R_X，R_V の連結点をCとし，端子CA，CB間の電圧降下 V_{CA}，V_{CB} をキルヒホッフの法則を用いて求めなさい．

④ さらに電圧が $V_{CA} = V_{CB}$ となるときの条件は何かを考えなさい．これより R_V を可変抵抗，R_X を未知抵抗としたとき，R_X の値を求める方法を考察しなさい（図6を参考にして R_1, R_V, R_3, R_X の関係式を求めなさい）．
（注意：図7の回路のように，AB間に検流計を繋ぎ電流が流れないように R_V を調節して未知抵抗を求める測定器をホイートストンブリッジと呼ぶ）

⑤ 上で求めた関係から R_V および R_X の両端電圧を求め，実験値と比較し評価しなさい．

17 電気抵抗の温度変化

> **目 的**
>
> 導体はその電気伝導性により，金属と半導体に分けられる．これらは電気伝達機構が異なり，電気抵抗の温度依存の仕方が異なる．「電気抵抗の温度変化」を調べ，物体の電気伝達機構の違いを検討する．

1. 原　理

実験 15「オームの法則」の項で解説されているように，電気伝導を示す物質は(1)式で示される物質固有の電気抵抗率 ρ を持っている．

$$\rho = \frac{k}{e^2 n} \qquad (1)$$

ここで，e は電荷，n は電荷の運び手（キャリアともいう）の数で，金属の場合は，それぞれ，電子の電荷の大きさと単位体積中の電子の数を示す．k は電子の流れに対し陽イオンとの衝突によって生れる電気的な抵抗力に関係した項で，金属が温められて温度が上昇すると，陽イオンの運動は活発になるために，電子の流れに対する抵抗力が増す．これを電気抵抗の温度依存と呼ぶ．したがって金属では温度上昇にともなって電気抵抗率が増加し，温度にともなう抵抗の上昇率を抵抗の温度係数という．

一方，半導体では温度の上昇に従ってキャリア数が大きく増加する．半導体でも金属と同様に，温度とともに陽イオンによる電気抵抗が増加するが，その特性から，(1)式の分母に示されているキャリアの数の変化が支配的になり，電気抵抗率は減少する．半導体のキャリアには電子のほかに正孔（電子が不足している状態で，あたかも正の電荷を持っていると見なせるキャリア）があ

り，どちらか一方あるいは双方が別々に電気伝導に関与する．一般的にはどちらのキャリアも温度の上昇にともなってその数を増やし，結果として電気抵抗を減少させる．本実験では，代表的な金属および半導体の電気抵抗の温度依存を調べ，金属，半導体の電気特性の違いを理解する．

2. 実　験

　銅線（良導体），カーボン（炭素），サーミスター（半導体）の3つの試料をお湯の中に入れ，お湯が自然冷却する過程でその電気抵抗を測定し，それぞれの試料の電気抵抗の温度係数を決定する．

実験手順

　① 　図1のように装置を配置する（ただし，図には銅線および炭素抵抗の配線は省略してある）．

　② 　テスターはつまみをΩ（抵抗測定）レンジに切り替え，初めにゼロ値補正をする．

　③ 　回路切り替え器のロータリースイッチを順次回し，3種類の試料との結線状態を確認する．ロータリースイッチの示す番号と測定試料との対応は以下の通りである．

　　　［1］　サーミスター（抵抗値約 10 kΩ）
　　　［2］　炭素抵抗（抵抗値約 10 kΩ）
　　　［3］　銅線（抵抗値約 200 Ω）
　　　［4］　テスターの0（ゼロ）値補正

この測定方法では，試料とテスターを結ぶ導線の抵抗が無視できるほど小さいことが条件となる．被測定体の抵抗値が上記の抵抗値から大きく異なる場合は結線状態を調べ，調整してから次の手順に移りなさい．

　④ 　約70℃のお湯をポリビーカーに7分目ほど注ぎ，撹拌棒でゆっくりと撹拌し，ビーカー内のお湯の温度を均一にする．

　⑤ 　各試料の電気抵抗値をテスターで読み取り，同時にそのときのお湯の温度を記録する．お湯の温度は，各試料の抵抗値を測定した後直ちに読む．お湯

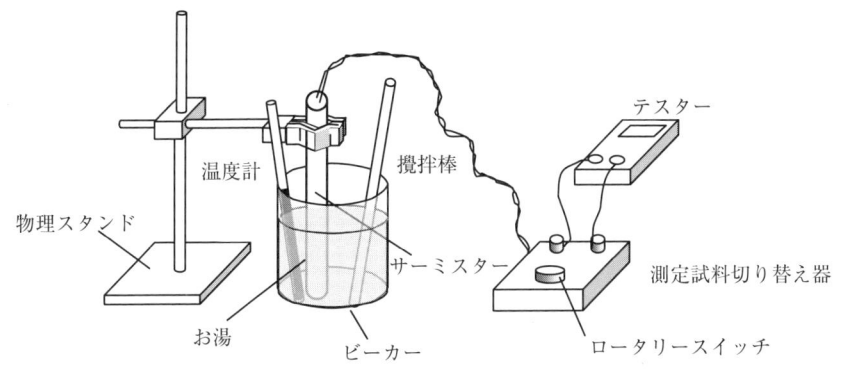

図1 装置の配置

の温度が高い場合は，お湯の温度が刻々下がってゆく．試料ごとに測定温度が異なるので，読み遅れのないように十分注意する．温度が室温に近づき，温度降下がゆっくりとなったら氷水，または氷を加える．このときは，特によく攪拌し，温度が均一になるように心がける．

3. 結果と解析

① 各試料の温度に対する電気抵抗値のデータを，以下の2, 3の項の説明および図2, 図3を参考にしてまとめなさい．

② 金属の場合，電気抵抗と抵抗の温度係数の間には(2)式で示される関係がある．

$$R = R_0(1+\alpha t) = R_0 + \alpha t R_0 \tag{2}$$

ここで，R_0 は0℃における抵抗値，t は測定温度〔℃〕である．図の解析より R_0 および抵抗温度係数を求めなさい．さらに $R_{20℃}$ の値を算出し，「オームの法則」の項の表1のデータと比較しなさい．

③ 半導体の場合，キャリア数 n は

$$n \propto e^{-\frac{E}{kT}} \tag{3}$$

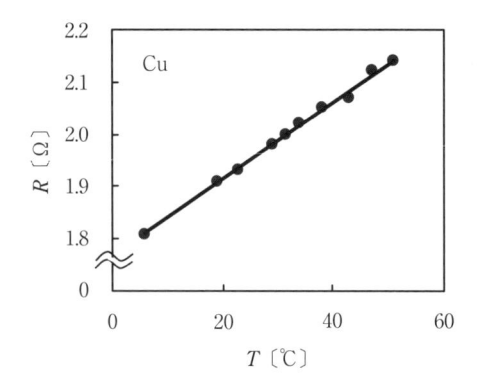

図2 銅線の電気抵抗の温度依存

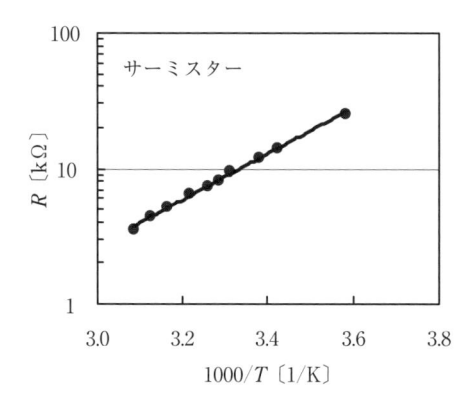

図3 サーミスターの電気抵抗の温度依存

に従うことが知られている．ここで k はボルツマン定数，E は活性化エネルギー，T は絶対温度である．したがって，電気抵抗の温度依存は

$$R = R_0 e^{\frac{B}{T}} \tag{4}$$

の形をとる．半導体の抵抗の温度変化が(4)式に従うことを，片対数グラフの縦軸に抵抗値 R，横軸を絶対温度の逆数 $(1/T)$ に取りデータを記入し確認しなさい（図3参照）．さらにグラフの直線の傾きより定数 B を求めなさい．電気抵抗の温度係数 α は

$$\alpha = \frac{1}{R}\frac{dR}{dT} \qquad (5)$$

で定義されるから，これを(4)式に用いると次式を得る．

$$\alpha = -\frac{B}{T^2} \qquad (6)$$

測定温度の範囲で α がどのような変化をするか図示しなさい．

④ (2)式で表される金属の電気抵抗の温度係数が $R_0 \approx R$ であるので，(5)式を満足することを示しなさい．

⑤ 炭素は金属と半導体の中間の性質を持ち，半金属と呼ばれる．炭素抵抗の温度変化を図示しなさい．近年，炭素の電気的特性が注目されている．どのような特徴があるのか調べてみなさい．

18 ビオ・サバールの法則

目的

電流の流れている 2 つの平行な導線間に働く力を電流天秤を使って測定し,「ビオ・サバールの法則」を理解する.これをもとに,空気の透磁率を求める.

1. 原　理

(1) 直線電流が作る磁束密度

図1のように電流 I が流れている導線がある.導線の任意の微少部分 ds を流れる電流要素 Ids が,そこから距離 r にある点 P につくる磁束密度 $d\boldsymbol{B}$ は,ビオ・サバールの法則によって次式で与えられる.

$$d\boldsymbol{B} = \frac{\mu}{4\pi} \cdot \frac{Id\boldsymbol{s} \times \boldsymbol{r}}{r^3} \tag{1}$$

ここで μ は透磁率と呼ばれ,点 P における場によって決まる定数で,真空のときは μ_0 と表され

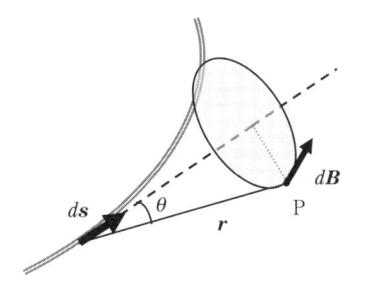

図1 局所電流が作る磁場

$$\mu_0 = 4\pi \times 10^{-7} \; [\text{N} \cdot \text{A}^{-2}] \tag{2}$$

である．(1)式から分かるように $d\boldsymbol{B}$ は $d\boldsymbol{s}$ と $\boldsymbol{r}$ のどちらにも垂直で，$d\boldsymbol{s}$ の向きに電流が進むとすると，向きは右ネジの回転によって進む向きとなる（図1参照）．

導線を流れる定常電流が作る磁場は(1)式を積分して得られる．

$$\boldsymbol{B} = \frac{\mu I}{4\pi} \int \frac{d\boldsymbol{s} \times \boldsymbol{r}}{r^3} \tag{3}$$

図2より，直線電流の場合 $|d\boldsymbol{s} \times \boldsymbol{r}| = rdz \sin\theta$ であるから磁束密度の大きさは

$$dB = \frac{\mu I}{4\pi} \frac{rdz \sin\theta}{r^3} \tag{4}$$

となる．ここで $r\sin\theta = a$ であるから

$$dB = \frac{\mu I}{4\pi} \frac{a dz}{r^3}$$

であり，これを z について積分して

$$B = \frac{\mu I}{4\pi} \int_{-\infty}^{+\infty} \frac{a dz}{(z^2+a^2)^{3/2}} = \frac{\mu I}{2\pi a} \tag{5}$$

を得る．

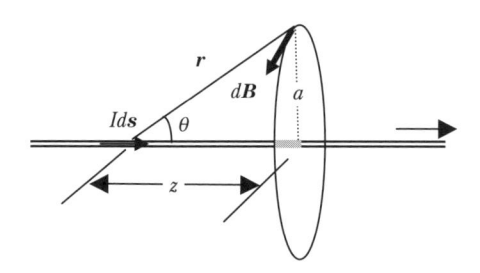

図2 直線電流が作る磁場

(2) 2本の平行導線の間に働く力

2本の平行な導線に電流を流すと，一方の導線を流れる電流 I_1 によって作られる磁場によって他方の導線を流れる電流 I_2 は電磁力 F_1 を受ける．それゆ

え2本の導線を流れる電流 I_1, I_2 の向きをそろえたり，逆向きにしたりすると，2本の導線の間の電磁力は引き合ったり反発したりし，それに合わせて2本の導線は近づいたり離れたりする．図3に示すように，導線Pを流れる電流 I_1 が導線Qの位置に作る磁束密度 $\boldsymbol{B}$ の大きさは，（5）式より

$$B = \frac{\mu I_1}{2\pi a} \tag{6}$$

であり，その向きは図3のようになる．このとき導線Qに電流 I_2 が流れると，導線Qの単位長さあたり F_1，すなわち

$$F_1 = I_2 B = \frac{\mu I_1 I_2}{2\pi a}$$

のローレンツ力を受ける．一方，導線Qに流れる電流 I_2 が導線Pの位置に作る磁束密度によって，導線Pにも同じ大きさの力 F_2 が加わる．導線P，Qに流れる電流 I_1, I_2 が同じ向きのときは引き合う力となり，逆向きのときは反発しあう力となる．

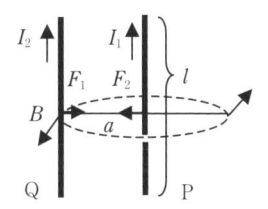

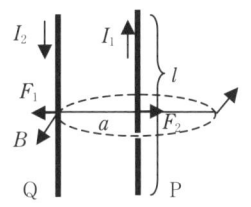

(a) 引力の場合（電流の向きが同じ）　**(b)** 斥力の場合（電流の向きが逆）

図3　2本の導線に働く力

2. 実　験

平行な導線に流れる電流の間に働く力を電流天秤により測定し，空気の透磁率 μ を測定する．

図4のような2つのコイルよりなる装置を電流天秤という．電流天秤は塩ビ板に固定されたコイルとナイフエッジを持った支持台に載せられた可動コイルからなる．可動コイルには，「やじろべえ」のように，ナイフエッジを支点に

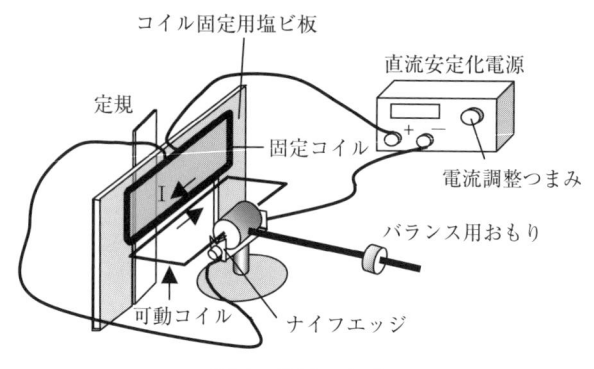

図4 装置の配置

して釣り合いを取るためのバランス用おもりが付いている．固定コイルは銅線を10回巻きにして束ねてあり，可動コイルは黄銅の単線である．互いのコイルの平行な直線部分の長さは0.4 mである．可動コイルにはナイフエッジを介して電流を流すことができ，2つのコイルは直流電源に直列につながれている．電流の向きは互いに逆向きで，通電されると2つのコイルの向き合った部分に斥力が働くようになっている．

図5から分かるように，通電はナイフエッジを介して行うので，通電中にエッジの位置を動かすと火花放電が起こり，エッジを損傷するので注意しなければならない．

また，通電前に固定コイルと可動コイル間の距離を〜10 mm程度になるようバランス用おもりで調節し，固定板に貼り付けた定規でその距離を正確に測定する．右側のバランス用おもりの手前には溝が付けてある．ナイフエッジから見て，この溝までの距離 d は左側のコイルの先端の直線部分までの距離 d と同じである．したがって，溝の部分に微小おもりをつけ，コイル間の距離 a が変化した分を通電によって戻すための電磁力の大きさが，おもりによる重力と等しいことになる．アルミニウム（Al）線で作る微小おもりは，おもり5個程度まで力を変えられるように，1個0.01 g程度にしておく．
（注意：アルミニウム（Al）線の微小おもり1個の質量は，同種のおもり10個をまとめて計量し，その値の1/10から1個分の質量を求める）

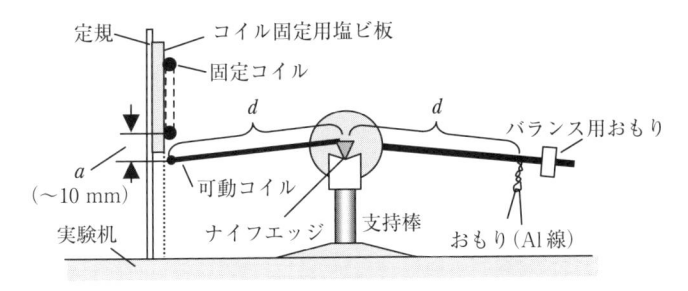

図5 電流天秤の配置図

実験手順

① 図4,5を参考に固定コイルと可動コイルの直線部分が平行になるように装置を配置する．電流天秤の感度は可動コイルの左右の腕の傾きに関係する．通電しても可動コイルの動きが小さい場合は，「へ」の字の傾きを少し戻し，感度をあげなさい．

② 初めに，おもり1個を糸に吊るす．可動コイルが初めの釣り合いの位置からずれるので，電源の電流つまみで電流を調節しながら導線間が元の距離 a になるようにする．そのときの電流値を記録する．

③ 次におもりを2, 3, 4個と順次に増やし，その都度，同様の方法で可動コイルの位置を調節し，そのときの電流値を記録する．

④ 一連の測定が終了したら，再度1個のおもりから実験を繰り返す．この操作を2～3回繰り返し，得られた値の平均を求める．

3. 結果と解析

質量 m のおもり1個を吊るしたとき可動コイルに働く重力 f は $f=mg$ である．一方，可動コイルに流した電流によって生ずる力 F_1 は，固定コイルが10回巻きであり，2つのコイルの直線部分が0.4〔m〕であることから，1本の導線に生ずる力 F は，

$$F = 10 \times 0.4 \times F_1$$

である．いま力のモーメントが釣り合い状態（$fd=Fd$）であるから，$F_1=f/4$ より

$$F_1 = 0.25 mg$$

となる．また2つのコイルに流れる電流の大きさは等しいから，コイル間に働く力 F_1 は次式で与えられる．

$$F_1 = IB = \frac{\mu I^2}{2\pi a} \qquad (7)$$

① おもりの個数に対する力 F_1 と，その釣り合いに要した電流の関係をまとめなさい（表1参照）．

表1 データの表示例

質量〔kg〕	F_1〔N/m〕	電流 I〔A〕	I^2〔A^2〕
1.06×10^{-5}	2.6×10^{-5}	1.0	1.00
…	…	…	…

② I^2 に対する F_1 の関係を図示しなさい．図中の直線の傾きを β とすると

$$\frac{\mu}{2\pi a} = \beta \qquad (8)$$

の関係がある．ここで a は初期設定した2つのコイル間の距離である．（8）式を用いて空気の透磁率を求めなさい．計算に際し，π は数値に変換せずに記号のまま使用する．結果を真空の透磁率と比較しなさい．

③ （5）式は無限の長さの直線電流についての計算である．本実験の条件では，$a \sim 0.01$〔m〕，$l=0.4$〔m〕である．近似的に（5）式を用いることができることを確かめなさい．
（注意：（4）式で，$dz=(a/\sin^2\theta)d\theta$ とおけるので，磁束密度は

$$dB = \frac{\mu I}{4\pi} \cdot \frac{\sin \theta}{a} d\theta$$

で表される）

積分範囲を $\theta_1 \sim \theta_2$ とし，それぞれの角度を計算し，結果を検討しなさい．

索　引

い
ImageJ ……………………………… 45

う
運動の3法則 ………………………… 35, 39
運動方程式 …………………………… 43
運動量保存の法則 …………………… 73

お
オームの法則 ………………………… 110

か
回転椅子 ……………………………… 95
回転運動 ……………………………… 87
回転軸 ………………………………… 88
角運動量 ……………………………… 93
角速度 ………………………………… 94
加速度 ………………………………… 36
　　──運動 …………………………… 41
片対数方眼紙 ………………………… 15
慣性 …………………………………… 35
　　──質量 …………………………… 87
　　──の法則 ………………………… 35
　　──モーメント …………………… 87

き
器差 …………………………………… 5
キャリア ……………………………… 119
キルヒホッフの法則 ………………… 113
　　──第1法則 ……………………… 113
　　──第2法則 ……………………… 114

く
空気抵抗力 …………………………… 55
クーロンの法則 ……………………… 99
クーロンメーター …………………… 101
クーロン力 …………………………… 99

け
減衰 …………………………………… 59
　　──振動 …………………………… 61, 62

こ
コイル ………………………………… 127
向心力 ………………………………… 69
合成画像 ……………………………… 45
剛体 …………………………………… 93
誤差 …………………………………… 6
こま …………………………………… 97
　　地球── …………………………… 95
コンデンサー ………………………… 25, 103

さ
サーミスター ………………………… 120
最小2乗法 …………………………… 16
最大静止摩擦力 ……………………… 49
作用反作用の法則 …………………… 39

し
磁束密度 ……………………………… 125, 127
実体振り子 …………………………… 87
質点系 ………………………………… 81
質量中心 ……………………………… 81
時定数 ………………………………… 104

支点……………………………………83
重心……………………………………81
従属変数………………………………15
終端速度…………………………56,109
自由電子……………………………109
自由落下運動…………………………55
重力加速度……………………………43
主尺……………………………………22
衝突……………………………………73
真空の誘電率…………………………99
振動(の)周期………………………59,61
Simple Digitizer……………………45

す
垂直抗力………………………………40
スーパーボール………………………77
ストップウォッチ…………………30,62
スプリットタイム……………………31

せ
静止摩擦係数…………………………49
精度……………………………………6
積算タイム……………………………30
0点補正………………………………24

そ
速度計…………………………………56

た
台秤……………………………………54
単振動………………………………59,60

ち
力のモーメント………………………84
地球ごま………………………………95
張力……………………………………65

直線電流……………………………125
直列結合………………………………60

て
デジタルカメラ………………………44
デジタルマルチメーター（テスター）
　………………………………25,50
デプスバー……………………………22
電圧……………………………………25
電荷……………………………………99
電気抵抗…………………………25,110
　──率……………………………110
電気伝導……………………………119
　──率……………………………110
電気量…………………………………99
電磁力………………………………126
点電荷…………………………………99
電流……………………………………25
　　直線──……………………125
　　──天秤……………………127

と
動画撮影機能…………………………44
透磁率…………………………125,127
等速円運動……………………………69
等速度直線運動………………………35
導体…………………………………120
動摩擦係数………………………49,50
動摩擦力………………………………50
独立変数………………………………15

に
ニュートン力学………………………35

の
ノギス…………………………………21

は
ばね……………………………………… 59
　　——定数………………………………… 59
半導体……………………………………… 120
反発係数…………………………………… 78

ひ
ビオ・サバールの法則…………………… 125
ピクセル………………………………… 45, 46
歪みゲージ……………………………… 51, 70
非弾性衝突………………………………… 73

ふ
復元力……………………………………… 59
副尺………………………………………… 22
不確かさ…………………………………… 7
振り子……………………………………… 65
　　実体——………………………………… 87
　　——の等時性…………………………… 65
ブリッジ回路…………………………… 51, 117

へ
平行軸の定理……………………………… 89
並列結合…………………………………… 60

ほ
ホイートストンブリッジ（法）
　……………………………………… 113, 117

放電現象………………………………… 103

ま
マイクロメーター…………………… 21, 23
摩擦係数……………………………… 49, 50
　　動——……………………………… 49, 50
　　静止——…………………………………… 49

や
やじろべえ………………………………… 83

ゆ
有効数字…………………………………… 7

よ
陽イオン………………………………… 119

ら
ラップタイム……………………………… 31

り
両対数方眼紙……………………………… 15

れ
レーザーポインター…………………… 101

ろ
ローレンツ力…………………………… 127

2008 年 3 月 31 日	第 1 版 発 行
2016 年 3 月 31 日	改 訂 版 発 行
2024 年 4 月 30 日	改訂版 2 刷発行

編者の了解により検印を省略いたします

改訂版
物理学実験 ―入門編―

編　者 ⓒ 東京理科大学理学部第二部物理学教室
発行者　内田　学
印刷者　山岡　影光

発行所　株式会社　内田老鶴圃　〒112-0012 東京都文京区大塚3丁目34-3
電話（03）3945-6781（代）・FAX（03）3945-6782
http://www.rokakuho.co.jp/
印刷・製本/三美印刷 K.K.

Published by UCHIDA ROKAKUHO PUBLISHING CO., LTD.
3-34-3 Otsuka, Bunkyo-ku, Tokyo 112-0012, Japan

U. R. No. 563-3

ISBN 978-4-7536-2031-9 C3042

SI 組立単位 (1)

基本単位と補助単位の乗除で表される組立単位のうち，固有の名称をもつ SI 組立単位.

量	単位	単位記号	他の SI 単位による表し方	SI 基本単位による表し方
周波数	ヘルツ (hertz)	Hz		s^{-1}
力	ニュートン (newton)	N	J/m	$m\,kg\,s^{-2}$
圧力，応力	パスカル (pascal)	Pa	N/m^2	$m^{-1}\,kg\,s^{-2}$
エネルギー，仕事，熱量	ジュール (joule)	J	N m	$m^2\,kg\,s^{-2}$
仕事率，電力	ワット (watt)	W	J/s	$m^2\,kg\,s^{-3}$
電気量，電荷	クーロン (coulomb)	C	A s	s A
電圧，電位	ボルト (volt)	V	J/C	$m^2\,kg\,s^{-3}\,A^{-1}$
静電容量	ファラド (farad)	F	C/V	$m^{-2}\,kg^{-1}\,s^4\,A^2$
電気抵抗	オーム (ohm)	Ω	V/A	$m^2\,kg\,s^{-3}\,A^{-2}$
コンダクタンス	ジーメンス (siemens)	S	A/V	$m^{-2}\,kg^{-1}\,s^3\,A^2$
磁束	ウェーバー (weber)	Wb	V s	$m^2\,kg\,s^{-2}\,A^{-1}$
磁束密度	テスラ (tesla)	T	Wb/m^2	$kg\,s^{-2}\,A^{-1}$
インダクタンス	ヘンリー (henry)	H	Wb/A	$m^2\,kg\,s^{-2}\,A^{-2}$

SI 組立単位 (2)

量	単位	単位記号	SI 基本単位による表し方
面積	平方メートル	m^2	
体積	立方メートル	m^3	
密度	キログラム/立方メートル	kg/m^3	
速度，速さ	メートル/秒	m/s	
加速度	メートル/(秒)²	m/s^2	
角速度	ラジアン/秒	rad/s	
力のモーメント	ニュートン・メートル	N m	$m^2\,kg\,s^{-2}$
電界の強さ	ボルト/メートル	V m	$m\,kg\,s^{-3}\,A^{-1}$
電束密度，電気変位	クーロン/平方メートル	C/m^2	$m^{-2}\,s\,A$
誘電率	ファラド/メートル	F/m	$m^{-3}\,kg^{-1}\,s^4\,A^2$
電流密度	アンペア/平方メートル	A/m^2	
電界の強さ	アンペア/メートル	A/m	
透磁率	ヘンリー/メートル	H/m	$m\,kg\,s^{-2}\,A^{-2}$
起磁力，磁位差	アンペア	A	

単位の 10 の整数乗倍の接頭語

名称		記号	大きさ	名称		記号	大きさ
エクサ	(exa)	E	10^{18}	デシ	(deci)	d	10^{-1}
ペタ	(peta)	P	10^{15}	センチ	(centi)	c	10^{-2}
テラ	(tera)	T	10^{12}	ミリ	(milli)	m	10^{-3}
ギガ	(giga)	G	10^{9}	マイクロ	(micro)	μ	10^{-6}
メガ	(mega)	M	10^{6}	ナノ	(nano)	n	10^{-9}
キロ	(kilo)	k	10^{3}	ピコ	(pico)	p	10^{-12}
ヘクト	(hecto)	h	10^{2}	フェムト	(femto)	f	10^{-15}
デカ	(deca)	da	10	アト	(atto)	a	10^{-18}

注 合成した接頭語は用いない．質量の単位の 10 の整数乗倍の名称は"グラム"に接頭語をつけて構成する

主な基本的定数

量	記号	値
アボガドロ数	N_A	$6.022\,140\,76 \times 10^{23}$ mol^{-1}
気体定数	R	$8.314\,510(70)$ J/K mol
真空中の光速	c	$2.997\,924\,58 \times 10^{8}$ m/s
真空中の透磁率	μ_0	$4\pi \times 10^{-7}$ N/A^2
真空の誘電率	$\varepsilon_0 = 1/\mu_0 c^2$	$8.854\,187\,817 \times 10^{-12}$ C^2/N m^2
素電荷	e	$1.602\,176\,634 \times 10^{-19}$ C
電子の質量	m_e	$9.109\,389\,7(54) \times 10^{-31}$ kg
電子ボルト	eV	$1.602\,177\,33(49) \times 10^{-19}$ J
万有引力定数	G	$6.672\,59(85) \times 10^{-11}$ N m^2/kg^2
リュードベリ定数	R_∞	$1.097\,373\,16 \times 10^{7}$ m^{-1}
プランク定数	h	$6.626\,070\,15 \times 10^{-34}$ J s
ボルツマン定数	k	$1.380\,649 \times 10^{-23}$ J/K
ボーア半径	a_0	$5.291\,772\,09 \times 10^{-11}$ m
陽子の質量	m_p	$1.672\,621\,64 \times 10^{-27}$ kg
中性子の質量	m_n	$1.674\,927\,21 \times 10^{-27}$ kg